Ulrich Lieb

»Einsteigen, bitte!«

Modellbahnen für Kinder

Ulrich Lieb

»Einsteigen, bitte!«

Modellbahnen für Kinder

transpress

Einbandgestaltung: Dos Luis Santos

Titelbild:
Die Modellbahn ist nach wie vor ein fesselndes Spielzeug.
Auf dem Teppich macht es noch mal soviel Spaß. Foto: Jochen Frickel

Soweit nicht anders angegeben stammen alle Fotos und Zeichnungen in diesem Buch vom Verfasser oder aus seinem Archiv.

ISBN: 3-613-71233-4

1. Auflage 2004

Sie finden uns im Internet unter:
www.transpress.de

Lektorat: Hartmut Lange
Innengestaltung: Marit Wolff
Reproduktionen: digi bild reinhardt, 73037 Göppingen
Druck und Bindung: Schwertberger GmbH, 86687 Kaisheim
Printed in Germany

Inhaltsverzeichnis

Vorwort

Kapitel 1

Die Eisen- und Modellbahnwelt gestern und heute 9

Kapitel 2

Züge für die Kids –
die Wiedergeburt eines alten Spielzeugs? 24

Kapitel 3

Hör mal, was da brummt – die elektrische Eisenbahn 39

Kapitel 4

Was gibt's von wem? Eine kleine Marktübersicht 48

Kapitel 5

Die Startpackung –
der beste Weg zum großen Spaß 59

Kapitel 6

Gleispläne und Anlagenformen –
vom Zauber der eigenen Idee 76

Kapitel 7

Basteleien, die Spaß machen 86

Kapitel 8

Lösungen bei wenig Platz –
Ausreden gibt's nicht 102

Kapitel 9

Die Bahn ist fertig! 107

Zum guten Schluss 116

Lese- und Adresstipps 117

Vorwort

Die Modellbahn galt und gilt als eine kreative Freizeitbeschäftigung – und das nicht nur für Erwachsene. Gerade Kinder lernen mit ihr sozusagen spielend eigenständiges Gestalten und nebenbei Grundbegriffe der Elektrotechnik. Es gibt wohl kaum ein anderes Spielzeug, das die kindliche Phantasie in solch hohem Maß zur Entfaltung bringt. Von der Kreativität einmal ganz zu schweigen.

Die Leitfrage, die mich in diesem Buch beschäftigt, lautet: Wie kann man den Nachwuchs für das Hobby Modelleisenbahn begeistern? Es geht hierbei weniger um viele teure Anschaffungen, sondern vor allem um Phantasie. Deshalb wollte ich zeigen, dass die Modellbahnerei den Konkurrenten Computer nicht fürchten muss. Vielmehr können sich beide Dinge ergänzen, etwa bei der digital gesteuerten Modellbahn oder wenn Kinder – unter Aufsicht von Erwachsenen selbstverständlich – im Internet auf der Suche nach Modellbahnthemen surfen. Dieses Buch möchte außerdem den Erwachsenen sinnvolle Wege zur Beschäftigung mit den Kindern und der Modellbahn aufzeigen. Denn einfach nur eine Packung kaufen und dem Nachwuchs hinstellen – so wird es nicht klappen.

Sicher, die Modellbahn wurde in vielen Kinderzimmern unserer Tage vom Computer ersetzt, der per Knopfdruck zumindest dem Anspruch nach abwechslungsreiche und spannende Phantasiewelten zaubert. Das oft als antiquiert angesehene Spiel mit der Modelleisenbahn hat gegenüber dem elektronischen Rechenknecht offenbar keine Chance mehr und ist zur Beschäftigung einer zahlenmäßig schwindenden Gruppe gut Betuchter geworden, die – wie es jüngst der Chef einer Modellbahnfirma ausdrückte – bereit sind, für ihr Hobby tief in die Tasche zu greifen.

Daher ist Schlimmes zu befürchten, wenn dereinst der letzte »gestandene Modellbahner« den Kupplungslöffel für immer abgegeben haben wird. Ein traditionsreiches Hobby ist hier vom Aussterben bedroht. Denn von den wenigen Modellbahnsammlern wird die Branche auf Dauer nicht leben können. Das wäre schade, weil gerade Kinder von einer Modellbahn profitieren: Sie gilt als ein – dem Zeitgeist entsprechend ausgedrückt – multifunktionales Spielzeug, denn sie ist äußerst vielseitig bespielbar. Das mehrdimensionale Spiel mit ihr, die Möglichkeit, eigene Ideen zu entwickeln und umzusetzen sowie das Suchen und Finden von Lösungen während des Aufbaus einer Modellbahn stärken das kindliche Selbstbewusstsein enorm.

Dieses Buch entstand in enger Zusammenarbeit mit mehreren Kindern verschiedener Altersklassen, sodass von einem echten Kinderbuch im doppelten Wortsinn die Rede sein kann. Ausgangspunkt war dabei der Wunsch der Eltern, ihrem Nachwuchs ein anspruchsvolles und ausbaufähiges, über viele Jahre aktuell bleibendes und die Kreativität förderndes Spielzeug an die Hand zu geben. Aus diesem Grund sichtet ein Kapitel dieses Buches den Markt und bietet eine Vorauswahl von Modelleisenbahnen und entsprechendem Zubehör, die sich für Kinder eignen. Vorgestellt werden u. a. Startpackungen und die Spielmöglichkeiten mit ihnen. Dazu gibt es Tipps, wie mit einfachen, preisgünstigen Mitteln der Spielwert dieser Packungen erhöht werden kann. Detailliert beschrieben wird der Bau erster gemeinsamer Projekte Eltern/Kind bis hin zu den ersten eigenen Ideen des Modellbahnnachwuchses und deren Realisierung. Zahlreiche Texte speziell für Kinder führen den Nachwuchs in die Beschäftigung mit der Modellbahn ein.
An dieser Stelle möchte ich mich für die Unterstützung bei all denen bedanken, ohne die dieses Buch nicht entstanden wäre. Zuallererst natürlich bei den Kindern: Johanna und Valentin, Dominik, Benedikt und Pauline, Lukas, Kai und Sven sowie Franziska und Alexander. Dann natürlich bei den Eltern, Christa und Manfred, Alexandra und Thomas, Erika und Manfred sowie Bettina und Lutz, die mal schnell Platz für eine Modellbahn auf dem Teppich geschaffen haben, weil der Ulli zum Fotografieren kommen will. Und zu guter Letzt Dank an meine guten Freunde Jochen Frickel und Stefan Alkofer für die vielen Anregungen und natürlich auch für die Kritik.
Somit bleibt mir nur noch der Wunsch, dass dieses Buch seinen Zweck erfüllt und zahlreichen Nachwuchs für unser gemeinsames Hobby gewinnt. Denn ohne die Modelleisenbahn wäre die Welt einfach ärmer.

Ulm, im Januar 2004
Ulrich Lieb

Kapitel 1

Die Eisen- und Modellbahnwelt gestern und heute

Faszination Eisenbahn

Was könnte wohl dieser alte, still verrostende Kessel einer Dampflokomotive alles erzählen?

Seit Eisenbahnen durch Deutschland rollen – also seit dem 7. Dezember 1835, als erstmals ein Zug von Nürnberg nach Fürth fuhr – üben sie eine große Faszination aus. Und wohl niemand konnte und kann sich dem tiefen Eindruck entziehen, den ein fahrender Zug auf den Betrachter ausübt. Das galt vor fast 170 Jahren noch weit mehr als heute: Eine Reise in der Pferdekutsche genoss damals den Ruf einer komfortablen und schnellen Art der Fortbewegung. Diese Technik war fast so alt wie die Menschheit und hatte – einmal abgesehen vom Federungskomfort, der sich im Lauf der Zeit deutlich verbesserte – kaum Fortschritte gemacht. Und nun das! Ein rauchendes, fauchendes und zischendes Ungetüm mit großen Rädern ist in der Lage, auf eisernen Schienen fahrend, mehrere Wagen hinter sich her zu ziehen und damit viele Menschen zu befördern. Entsprechend dürfte die Reaktion der Zeitgenossen beim Betrachten der neuen Technik ausgefallen sein. Erstaunen und Furcht werden in jenen Tagen ohne Fernsehen und tägliche Sensationen die ersten Empfindungen gewesen sein; Hoffnungen und Glaube an eine bessere Zukunft waren die in den Zeiten danach vorherrschenden Gefühle, die das neue Verkehrsmittel begleiteten, das da mit weißen Wolken in Richtung Zukunft dampfte. Dennoch war die Eisenbahn zunächst ein elitäres

Die Beschäftigung mit der Eisenbahn ist häufig mit einem Blick vom Heute ins Gestern vergleichbar. Denn dieses Verkehrsmittel gilt vielen als veraltet und nicht zeitgemäß. Doch die Fahrzeuge besitzen den Charme der Technik vergangener Tage.

Beförderungsmittel, das sich nur die gut Betuchten leisten konnten. Erst um 1900 wurde dieses Verkehrssystem, zumindest was die Beförderung von Fahrgästen anbelangt, zu einem öffentlichen Transportmittel im eigentlichen Sinn.

Sicher, heute sind wir durch das Fernsehen weitaus weniger leicht zu beeindrucken, Sensationen müssen schon außergewöhnlich sein, um in uns eine Reaktion hervorzurufen. Durch die Medien sind wir jederzeit im Bild, was auf dem Globus passiert. Und doch, so glaube ich, kann man in den Augen der Menschen etwas von der vergangenen Faszination durch die Eisenbahn wiederkehren sehen, etwas vom Glanz vergangener Epochen, wenn sie heutzutage bewusst eine Lokomotive mit einem langen Zug vorbeifahren sehen. Ich denke da jetzt weniger an den Pendler, der tagtäglich mit diesem Verkehrsmittel – bisweilen verspätet – seine Arbeitsstelle erreicht; ich denke auch nicht an das Heer gestresster Reisender, das im Bahnhof auf den längst überfälligen und überfüllten Anschlusszug wartet. Ich denke an den Spaziergänger neben einer Bahnstrecke, der gedankenverloren einem Zug nachblickt. Oder die Familie mit Kindern, die beim Spiel innehält, wenn

Die ästhetisch ansprechenden Empfindungen von Kraft und Eleganz verkörpert bis heute die Dampflokomotive, die die Romantik der Technik einst geradezu sprichwörtlich in sich vereinigte.

ein Zug vorbeirauscht. Manchmal stehen mehrere Menschen auf einer Brücke oder Überführung und schauen dem Zug nach, der soeben unter ihnen durchsaust. Denn bis heute verbinden sich mit der Eisenbahn auch Empfindungen wie Fernweh, aber auch Vorstellungen von gewaltiger Kraft, Schnelligkeit und Energie – all den positiven Errungenschaften eines modernen Verkehrs- und Transportmittels. Die Eisenbahn ist nach wie vor ein Teil unseres Alltags, gehört zum heutigen Leben wie der Computer oder der Euro. Wer denn, bitteschön, käme auf den Gedanken jemals den Nutzen von Computern oder Zahlungsmitteln in Frage zu stellen? Bei der Eisenbahn wurde und wird dagegen die Frage nach ihrer Existenzberechtigung immer wieder gestellt.

Diese Gedanken dienen nicht der Flucht in eine scheinbar heile Welt der Eisenbahn, ein in so mancher Diskussion süffisant eingebrachter Vorwurf, der Eisenbahnfreunden und nicht zuletzt Modellbahnern oftmals gemacht wird und der so abgekaut ist wie Waldis Gummiball vom letzten Sommer. Ich glaube, dass die oben beschriebene Faszination von Eisenbahnen ein tief im Menschen schlummerndes Bedürfnis anspricht. Dem Wunsch nämlich nach nie erlahmender Energie und hoher Kraft. Zugleich wird dabei auch das ästhetische Empfinden angeregt: Die Wucht des vorbeirauschenden Zuges zu spüren und dabei die Eleganz der Fahrzeuge zu sehen. Dies spricht das Innere an, rührt uns sozusagen – warum sonst hätten zahlreiche Dichter Eisenbahnen beschrieben?

Nur wenige Zeitgenossen können sich der Faszination einer Modellbahn entziehen. Liebevoll gestaltete Zuggarnituren durcheilen eine ansprechende Landschaft.

All diese Faszination übt die Bahn auch heute noch auf Kinder aus, wenn ihre Eltern mit ihnen einen Spaziergang an einer Bahnstrecke machen oder im Bahnhof einmal »Züge gucken gehen«. Die Begeisterung für Eisenbahnen stellt sich dann, vorsichtig formuliert, bisweilen ein.

Anfang der 70er-Jahre in einer deutschen Stadt

Die Welt vor 30 Jahren. Ist es wirklich schon so lange her, dass wir nach der Schule auf dem Nachhauseweg an jenem Spielzeugladen vorbeikamen, in dessen Schaufenster immer eine kleine Modellbahnanlage unsere Aufmerksamkeit auf sich zog? Gewiss, da waren allerlei unterschiedlichstes Spielzeug zu sehen: Links im Schaufenster standen unzählige Ritter und Cowboys aus Kunststoff, darüber allerlei Autos, dann kamen Modellflugzeuge in Bausatzform oder auch mal zusammengeklebt und meisterhaft bemalt. Rechts waren viele Spiele zu sehen, die unvermeidliche Familien-Spiele-Sammlung, das beliebte »Monopoly« und natürlich wüste Dinge wie »Fang den Hut« oder »Spitz pass auf«.
Im Zentrum der Auslage aber fuhr eine kleine elektrische Eisenbahn. Ich erinnere mich noch genau. Zwei Ovale, die Strecken führten durch eine abwechslungsreiche, liebevoll gestaltete Gebirgslandschaft. Der kleine Bahnhof war mit vielen Figuren belebt. Und dann kam das Züglein. Es bestand aus einer kleinen dreiachsigen Dampflok und drei Wägelchen, die mir wegen ihrer auffälligen Farben in Erinnerung geblieben sind: ein gelber Bananenwagen, ein roter Kipplorenwagen und ein blauer Kesselwagen. Der Gegenzug bestand aus einer roten Diesellok mit drei grünen Personenwagen. Wenn wir Glück hatten, begegneten sich die beiden Züge im Bahnhof. Die Krönung aber war die Beleuchtung der Anlage, wenn die Dämmerung hereinbrach. Im Winter wurde es früh dunkel und man erklärte sich erstaunlich zuvorkommend bereit, um 17 Uhr mit dem Hund einen Spaziergang zu machen. Logisch, der Weg führte an dem kleinen Spielzeugladen vorbei. Die Gebäude der Schaufensteranlage waren von innen beleuchtet, mehrere Signale schauten mit ihren grünen oder roten Augen in die Nacht, zahlreiche Straßenlaternen erhellten die Szene. Und sogar der Personenzug hatte eine Innenbeleuchtung und man konnte

Manchen modellbahnbegeisterten Zeitgenossen wird diese Aufnahme erschrecken: Die elektrische Eisenbahn des Verfassers aus dem Jahr 1978 war rein optisch einer original schwäbischen Schneckennudel nicht unähnlich. Aber das Spielen mit der selbstgebauten Anlage hat einen Riesenspaß gemacht.

Zum Vergleich die Aufnahme einer Modellbahn, an der Jochen Frickel, heutiger Modellbahnfachredakteur, seine modellbahnerische Zukunft begann. Allerdings hatte diese Anlage sein Vater aufgebaut …
Foto: Horst Frickel

die kleinen Fahrgäste in den Waggons sehen. Diese Anlage machte solch einen großen Eindruck auf uns, dass es eine ganz klare Sache war, eine elektrische Eisenbahn ist das Größte auf Erden.
Jeder meiner Altersgenossen bekam damals irgendwann einmal eine elektrische Eisenbahn geschenkt. Das Lädchen wechselte die Schauanlagen immer wieder einmal aus. Das Tollste war der Besitzer des Geschäfts, er ließ uns immer wieder mal im Laden rumschnuppern, auch wenn wir nichts kaufen konnten. In unserer Stadt gab es damals fünf Geschäfte, die Modellbahnen verkauften. Davon waren zwei reine Modellbahnläden, die drei anderen boten darüber hinaus weiteres Spielzeug an.

Anfang des 21. Jahrhunderts in einer deutschen Stadt

Schlendert ein Besucher heute gemütlich durch bundesdeutsche Innenstädte, so findet er ein buntes Sammelsurium an Geschäften. Doch eines der gemütlichen Modellbahngeschäfte von damals ist kaum mehr darunter. Der Besitzer »meines« Lädchens starb bereits Ende der 70er-Jahre, sein Geschäft hatte seitdem verschiedene Besitzer, doch »in Modellbahnen« machte keiner mehr von ihnen. Wenn ich heute durch die Straßen meiner Heimatstadt laufe, plärren mich kunterbunte Reklameschilder an, Boutiquen, Warenhäuser und Imbissbuden sind an der Tagesordnung. Doch ein reines Modellbahngeschäft suche ich in meiner Stadt vergeblich. Sicher, die Spielzeugwelt hat sich verändert. Neue Produkte haben die Kinderzimmer erobert. Das ist gut so, denn Leben ist immer auch Entwicklung. Fragwür-

dig wird dieser »Fortschritt« jedoch dann, wenn die Spielzeuge der Moderne aggressiv machen oder das Töten zum Spiel erheben. Schlimm ist es, wenn Spielzeuge die Kreativität der Kinder nicht fördern, ihnen keine vernünftigen Aufgaben stellen, bei deren Lösung sie sich selbst bestätigen können. Auch der Bereich der sinnlichen Erfahrung ist meines Wissens wichtig für Kinder. Mit einem Spielzeug müssen sie ihre Umwelt auch »be-greifen« können. Eine Modellbahn vereint in sich all die guten Ansätze eines zeitlosen Spielzeugs.
All diesen neuen Glitzerwelten hat die gute alte Modellbahn immer noch eines voraus: Sie mag ja ein antiquiertes Spielzeug sein, das so mancher Spielzeugmarktstratege milde belächelt. Aber sie schult wie nur wenige andere Spielzeuge eine Vielzahl von kindlichen Fähigkeiten. Das umfasst das Basteln ebenso wie das phantasievolle Spiel mit den Fahrzeugen. Und dass sich beim Aufbau einer Modellbahn immer auch Probleme ergeben, die es zu lösen gilt, ist ein weiterer Vorzug dieses Spielzeugs. Kinder, die es gelernt haben, Probleme als Herausforderung zu erkennen und sie kreativ zu lösen, werden auch in späterer Zeit stabilere Charaktere sein, als alle virtuellen Sternenkrieger und Killermaschinen zusammen.

Meine ersten Eisenbahnerlebnisse

Mein Eisenbahnwerdegang dürfte dem vieler anderer Hobbykollegen ähneln. Ich entstamme dem Jahrgang 1964 und hatte das große Glück, einen 13 Jahre älteren Bruder zu haben, dem unsere Eltern um 1965 eine Märklin-Bahn schenkten. Ich brauchte zunächst nicht mehr zu tun, als in diese wundervolle Modellbahnwelt hineinzuwachsen.
Meine ersten Erfahrungen mit der Welt der Eisenbahn, die mir meine Eltern später immer wieder erzählten, waren jedoch furchteinflößend und mitunter sogar schmerzhaft. Das erste Erlebnis hatte ich als Vierjähriger an der Hand meiner Mutter auf dem Eisenbahnsteg, der über den Bahnhof meiner Heimatstadt führte. Just als wir da entlang gingen, fauchte unter uns eine Dampflok hindurch. Links und rechts schossen Dampf und Qualm hoch. Ich erschrak und habe dann ziemlich geheult.
Das zweite Erlebnis war nicht viel erhebender: Auf der Fahrt nach Stuttgart in den dortigen Zoo schaute ich aus dem Fenster und wollte – offenbar von der großen schwarzen Maschine fasziniert – die ziehende Dampflok sehen. Dabei bekam ich ein Rußkörnchen von der Dampflok ins Auge. Wieder ein Aufeinandertreffen mit Tränen am Ende.
Die erste Begegnung mit der Modellbahn meines Bruders war ebenfalls schmerzhaft. Reizvoll war es ja schon, was er da auf einer Holzplatte hoch über mir aufgebaut hatte, obwohl ich es nur sehen konnte, wenn mich einer hochhob. Da er aber oft damit spielte, muss es ja etwas Tolles sein. Eines Tages, ich muss fünf oder sechs Jahre alt gewesen sein, reichten meine Hände bis auf die Platte und ich konnte eine am Rand abgestellte Dampflok greifen. Mit dieser Trophäe spielte ich

Für so manchen Modellbahner oder Eisenbahnfan wurde die Begegnung mit einem der fauchenden Ungetüme zu einer Passion, die ein Leben lang anhält.

stundenlang auf dem Hochflorteppich des Zimmers, in dem die Bahn stand. Es kam wie es kommen musste: Die langen Teppichfusseln blieben an den offenliegenden Zahnrädern der Lok kleben, diverse Details am Kessel sowie den kleinen Schleifer zur Stromabnahme unter der Lok habe ich vermutlich gleich ganz entfernt. Die Diskussion mit meinen Bruder war sehr kurz, danach habe ich wieder geheult.

Weihnachten, die Zeit der Modellbahn?

Nach diesen traumatischen Erfahrungen grenzt es fast an ein Wunder, dass ich mich dennoch mit Eisen- und Modellbahnen beschäftigte und beschäftige. Wenn ich einmal das Rad der Zeit in die frühen 1970er-Jahre zurück drehe, als ich im Kindesalter war, war es selbstverständlich, dass an Weihnachten die Modelleisenbahn aufgebaut wurde. Sie war ein Spielzeug für drinnen und im Winter hielt man sich vor allem in der Wohnung auf. Zwei Wochen nach Weihnachten kam alles in eine stabile Kiste und wurde in der Rumpelkammer bis zum nächsten Weihnachtsfest verstaut.

Es war die Weihnachtszeit, wo aller Modellbahnperfektionismus seinen Anfang nahm. Auch die heutigen berühmten Modellbahner saßen einst unterm Tannenbaum und fuhren mit ihrem Lebkuchenzug rund herum. Unter diesem Baum begannen für viele die Beschäftigung mit der Modellbahn.

Noch eine kleine Anmerkung zum Thema »Modellbahn und Weihnachten« zum Schluss: Eine tolle Idee war in diesem Zusammenhang der Geschichten-Wettbewerb der inzwischen nicht mehr erscheinenden Modellbahnfachzeitschrift »Bahn & Modell«. Im Jahr 1988 hatte die Redaktion des Heftes aufgerufen, Erinnerungen zum Thema »Meine erste Eisenbahn« einzusenden. Dabei kamen spannende, lustige, vor allem aber rührende Geschichten ans Tageslicht. Denn in einem waren alle gleich, seien sie heute in einem Unternehmen der Modellbahnbranche tätig, seien sie Modellbahnredakteure oder gar Modellbahnfachhändler: Alle haben einmal ganz bescheiden angefangen. Wer das Glück hat, noch eine alte Ausgabe zu erwischen, sollte die Werdegänge der Modellbahner lesen.

Kinder und Modellbahnen

Lassen Sie den Modellbahnnachwuchs ruhig mal ein Fahrzeug in die Hand nehmen. Durch die sinnliche Erfahrung des Gewichts, des Geruchs und der Anmutung der Modellmaschine ist schon so mancher zum Modellbahnfan geworden.

Wenn man den Absatzstatistiken der Modellbahnhersteller Glauben schenkt, so wird auch heute noch von vielen deutschen Haushalten, in denen Kinder leben, irgendwann einmal eine elektrische Eisenbahn gekauft. Aus denselben Statistiken geht jedoch auch hervor, dass diese Packungen in erster Linie von Erwachsenen für Erwachsene erworben werden.

Immer wieder ist zu hören: Das Thema Eisen- und Modellbahn ist mit einem Virus zu vergleichen, der den Arglosen überfällt und ihn nie wieder davon genesen lässt. Zumeist beginnt das Interesse von Kindern an einer Modellbahn, wenn die Eltern schon eine besitzen. Wenn die Kleinen damit spielen dürfen, kann dabei ein neuer Modellbahner heranwachsen. Bei vielen Kindern springt der Funke auch schon über, wenn sie eine Lokomotive oder einen Wagen betrachten und befühlen. Die Augen strahlen, wenn sich das Fahrzeug langsam in Bewegung setzt und über Berg und Tal donnert. Darum lautet der erste Tipp für Modellbahner: Lasst Eure Kinder mit der Bahn spielen.

Vom Kinderspielzeug zur Freizeitgestaltung – die Geschichte eines Bedeutungswandels

Bereits im Frühjahr 1836, also nur wenige Monate nach der ersten Eisenbahnfahrt in Deutschland, verkündete eine Zeitungsannonce die Existenz einer Miniaturnachbildung der Nürnberg-Fürther Eisenbahn aus lackiertem Blech mit einem eingebauten Uhrwerk zum Antrieb. Also kaum war die Eisenbahn in Deutschland ein bekanntes Verkehrsmittel geworden, kamen die ersten Spielzeuge auf den Markt, die die großen Vorbilder in kleinem Maßstab kopierten – oder seien wir höflich: nachahmten. Typisch für jene Zeit waren so genannte Bodenläufer, das waren stilisierte Loks oder Waggons aus Holz oder verzinntem Weißblech, dem so genannten Tin Plate, die man an einer Leine hinter sich her zog. Im Laufe der Zeit gab es immer mehr solcher Fahrzeuge, der Maßstab spielte aber keine Rolle.

Die zunächst von Hand ausgeschnittenen, gebogenen, zusammengelöteten und abschließend bemalten Teile wurden in kleinen Handwerksbetrieben gefertigt und zu Fahrzeugen montiert, die in der Regel Einzelstücke darstellten. Um das Jahr 1850 bildete die Blecheisenbahn einen festen Bestandteil in den Sortimenten der Spielzeugfabrikanten.

Oftmals nur museal konnten alte Spielzeugschätze wie diese Blecheisenbahnfahrzeuge aus den 1920er- und 1930er-Jahren erhalten werden.

Im Laufe des 19. Jahrhunderts wurde diese aufwändige Handarbeit durch industrielle Massenfertigung abgelöst. Diese Produkte waren allerdings nur für Adel und Bürgertum ein erschwingliches Spielzeug. Etwa seit dem Jahr 1870 kann man von der Spezialisierung eines neuen Industriezweigs in Deutschland sprechen, der sich auf die Herstellung von Modelleisenbahnen und Zubehör konzentrierte. Dazu gehörten Firmen, deren Namen heute längst vergessen sind wie Rock und Graner (Biberach/Riß), Hess, Schoenner, Carette oder Bing (alle aus Nürnberg). Allein Märklin (Göppingen) hat aus jenen Pionierzeiten bis heute überlebt.

Dass diese frühen Modellbahnen bis auf den Namen nichts mit den heutigen Modellbahnen gemein haben, tat ihrer Verbreitung keinen Abbruch. Die kindliche Phantasie wurde dadurch nicht beeinträchtigt und dürfte es wohl auch heute nicht werden. Dabei gebührt Märklin das große Verdienst, Ende des 19. Jahrhunderts als erster Anbieter eine Systembahn entworfen zu haben. Das hieß, wer sich damals für eine solche Bahn entschied, hatte die Auswahl unter einem großen Sortiment an Gleisen, Weichen, Signalen, Tunnels und Bahnhöfen sowie Fahrzeugen. Und das alles passte zueinander und funktionierte miteinander. Der Maßstab spielte dabei jedoch noch immer keine große Rolle.

In den ersten Jahrzehnten des 20. Jahrhunderts gab es noch immer Spielzeugbahnen in verschiedenen Größen. Doch die von Märklin aufgestellte Klassifikation

Im Westen Deutschlands fand die Modellbahn der Baugröße TT nie die Verbreitung wie im Osten. Eigentlich unverständlich, wenn man die Gestaltungsmöglichkeiten mit dieser Modellbahn einmal genauer ansieht. *Foto: Tillig*

der Spurweiten wurde von den anderen Herstellern übernommen und dadurch zu einer Art Norm. Damit war der freizügige Einsatz von Fahrzeugen unterschiedlicher Fabrikate möglich geworden. »Genormt« waren die Spurweiten, also der vom Vorbildmaß 1435 mm von Schiene zu Schiene messende Abstand ausgehende Verkleinerungsmaßstab. Man unterschied Spur »0« (1:43,5), Spur »I« (1:32), Spur »II« (1:16) und Spur »III« (1:8). Die darauf verkehrenden Fahrzeuge entsprachen jedoch so gut wie keinem einheitlichen Maßstab. Die großen Spuren II und III mit ihrem enormen Platzbedarf verschwanden nach dem Ersten Weltkrieg, als hochherrschaftliche Wohngelegenheiten selten wurden und die Menschen in den Wirtschaftskrisen 1923 und 1929 kein Geld für solche Waren besaßen.
Etwa ab den 30er-Jahren begann der Wandel des reinen Kinderspielzeugs Eisenbahn zur Modelleisenbahn. Das bedeutete zunächst, dass die bis dahin mitunter sehr frei nach ihren Vorbildern gestalteten Fahrzeuge und Gebäude immer mehr den realen Vorbildern nachgebildet wurden. Das führte dazu, dass der Maßstab eine immer größere Rolle spielte. Seit dem Ende des Zweiten Weltkriegs dominiert die Baugröße H0, die als »halbe Größe Null« im Maßstab 1:87 die richtigen Argumente besaß, zunächst die westdeutschen Eisenbahnfans im Wirtschaftswunder der 50er-Jahre mit dem Bau einer Anlage liebäugeln zu lassen. Die Freunde der Eisenbahn im Osten Deutschlands bauten ebenfalls vor allem in der Baugröße H0. Darüber hinaus fand auch die Baugröße TT (Maßstab 1:120) dort große Verbreitung.

Annäherung an die Problematik

Übrigens gab es zumindest in Deutschland das Modell sogar vor dem Original: Denn 1825 wurde im Nymphenburger Schlosspark zu München die erste bekannte Modelleisenbahn angelegt. Sie sollte den bayerischen König Ludwig I. von den Vorzügen dieser neuen Technik überzeugen und den Monarchen für den Bau einer großen Eisenbahn in Bayern begeistern. Dieses Modell war auch deshalb gebaut worden, weil sich damals sogar gebildete Herren kein so rechtes Bild von der revolutionären neuen Technik machen konnten, die da in England entstanden war. Doch der Plan scheiterte, weil sich der bayerische König, zumindest damals, noch nicht überzeugen ließ. Weitere Gründe sind nicht überliefert und sind wohl auch nicht nachvollziehbar – oder doch?
Der König konnte sich unter Eisenbahnen nichts vorstellen, weil er sie nicht kannte. Das ist so simpel wie einleuchtend. Das wirft aber die Frage auf: Wie ist es denn bei unseren Kindern heute? In vielen Gesprächen mit Kindern bin ich drauf gestoßen: Die heutigen Kinder sind eine im Vergleich mit Kindern in früheren Zeiten weitgereiste Generation. Sie waren schon in Spanien, Frankreich, in der Schweiz, in Österreich, Italien, Kroatien, Ungarn, Polen, Dänemark, Belgien und Holland. Aber sie haben all diese gewiss schönen Länder mit dem Auto bereist, den Zug

hat hingegen niemand benutzt. Und so ist es auch bei Kurztrips, etwa zur Oma Luzie oder zum Onkel Rudi – niemand kommt auf die Idee, dass man dazu auch einen Zug benutzen kann. Sicher, das ist umständlich, vergleichsweise teuer und so manchen Ort erreicht man per Zug gar nicht mehr. »Wer mit zwei heulenden Kindern, vier schweren Koffern und orientierungslosem Ehemann in einer Bahnhofsunterführung steht und das Gleis des Anschlusszuges sucht, der benutzt heutzutage nie mehr die Eisenbahn!«, erklärte mir eine Mutter ihre Erfahrungen mit der Bahn. Stimmt wohl und das ist zweifelsohne nachvollziehbar. Aber ich denke, dass es zwischen den Extremen auch einen Mittelweg gibt: Dann eben mit dem leichten Besuchsgepäck, zwei nicht heulenden Kindern und einem mit Kursbuch, Fahrplanauszug und Verbindungsausdruck ausgestattetem Ehemann per Bahn zu Onkel Rudi. Übrigens wäre es interessant, die Frage, per Bahn oder nicht per Bahn zu verreisen, in dem Moment zu stellen, wenn man mit heulenden Kindern und nörgelndem Ehemann bei 48 Grad Celsius im Innenraum auf der Autobahn im Stau steht.

Gründe für die Entfremdung

In den Gesprächen mit Kindern, deren Eltern weder eine Modelleisenbahn besitzen noch beruflich etwas mit der (Modell-)Eisenbahn zu tun haben, konnte ich feststellen, dass die Eisenbahn als Transport-, vor allem aber als Verkehrsmittel kaum präsent ist. Und etwas, mit dem ich so gut wie nie zu tun habe, das spielt auch in meinem kindlichen Alltag und in meiner Phantasie absolut keine Rolle. Spielen bedeutet ja immer auch ein Auseinandersetzen mit der Wirklichkeit, das Einüben von Verhaltensweisen. Kinder spielen auch das nach, was sie sehen oder erleben. Die Eisenbahn gehört heute jedenfalls nicht mehr dazu. In einem weiteren Schritt bedeutet das, dass das Interesse an Modellbahnen als dem kleinen Abbild der großen Bahn kaum vorhanden ist. Das war ein schleichender Prozess, der in den vergangenen 30 Jahren vor sich ging und dessen Ergebnis das heutige Desinteresse vieler Kinder an der Eisenbahn ist. Dazu beigetragen hat die Entwicklung des Individualverkehrs, sodass es heute unter Jugendlichen eher peinlich ist, Bahn zu fahren. Autofahren ist demgegenüber wesentlich »cooler«. Zudem sind heute die Möglichkeiten der

»Quo vadis, Modellbahn?«, könnte man sich beim Gespräch mit Kindern zum Thema Eisen- und Modellbahn denken. Hoffentlich in eine sonnigere Zukunft als es diese eingleisige Nebenbahn auf der Schwäbischen Alb im Dezember 2000 vermuten lässt.

Es steht zu hoffen, dass es der Modellbahn nicht wie vielen Strecken und Rangierbahnhöfen geht, die in die Bedeutungslosigkeit herabsanken und schließlich, wie diese beiden Rangierer, einfach »wegrationalisiert« wurden.

Freizeitgestaltung in weiten Gebieten der Bundesrepublik sehr abwechslungsreich. Manche Kinder im Deutschland des Jahres 2003 können theoretisch rund um die Uhr fernsehen. Das Programm läuft heute 24 Stunden. Vor 30 Jahren gab es in den meisten bundesdeutschen Haushalten gerade mal drei Programme, die gegen 17 Uhr starteten. Und davon war ein Magazin für ältere Mitbürger, das Kinderprogramm begann gegen 17 Uhr 30 und endete gegen 18 Uhr 15 – und das war's dann auch! Wer heute will, kann sich rund um die Uhr unterhalten lassen. Für Kinder heißt das, sie finden im Fernsehprogramm ständig Unterhaltendes, wobei man über den Inhalt und die Qualität des Kinderprogramms bisweilen den Kopf schütteln muss.

Seit Anfang der 90er-Jahre erobert zudem der Computer die Kinderzimmer. Zunächst einmal ist dagegen nichts zu sagen, niemand möchte die Rückkehr in die Kinder-Steinzeit. Die Rechner sind aus unserem modernen Leben nicht mehr wegzudenken und zugegeben, sie erleichtern vieles. Auch im späteren Berufsleben werden die Kinder von heute mit Computern zu tun haben. Daher ist es von Vorteil, wenn sie bereits früh mit diesen Geräten vertraut sind. Problematisch wird es jedoch dann, wenn der Computer Freunde zu ersetzen beginnt. Es gibt heute Untersuchungen, die belegen, dass allzu häufige Beschäftigung von Kindern mit dem Computer die Vereinzelung begünstigt und unsoziale Charaktere schafft. Da der Computer auf rasche und einfache Weise ganze Spielwelten per Knopfdruck auf den Bildschirm zaubert, die man ansonsten mühevoll selbst aufbauen müsste, fördert er natürlich auch eine gewisse Bequemlichkeit bei Kindern. Das kann soweit gehen, dass das lebensnotwendige Spielen gänzlich vernachlässigt wird. Jede Art von kreativer Beschäftigung ist naturgemäß mit einer gewissen Anstrengung verbunden, eine Mühe, die der Computer den Kindern ganz einfach abnimmt. Es geht hier nicht darum den Computer zu verteufeln, vielmehr möchte ich die latenten Gefahren aufzeigen, die im von den Eltern unbeaufsichtigten Umgang mit dem Computer liegen.

Pauline ist zwar erst vier Jahre alt, schätzt aber den Bedienkomfort einer digitalen Modellbahnsteuerung. Dass sie dabei spielend den Umgang mit einem Computer lernt, kann nicht von Nachteil sein.
Foto: Thomas Drexel

Auch hier bietet eine Modellbahn eine empfehlenswerte Möglichkeit. Moderne Modellbahnen werden digital gesteuert. Solche Bahnen nutzen ganz selbstverständlich einen Computer. Spielerisch lernt ein Kind somit den sinnvollen Umgang mit einem solchen Gerät, ohne dabei in aggressionsfördernde Killerspiele zu verfallen. Und nun sei an die Beschreibung der Stadt vor 30 Jahren bzw. heute erinnert. In dem Maße, in dem das Interesse an Modellbahnen aus den eben skizzierten Ursachen schwand, starben auch die Modellbahnhändler aus. Nachdem das Kinderspielzeug Modellbahn keine Klientel mehr hatte, wurde eine neue Zielgruppe geboren: die Modellbahn für Erwachsene – wer will es den Modellbahnproduzenten verdenken.

Doch die Crux der Erwachsenenmodellbahn ist, dass sie als Freizeitbeschäftigung für Anspruchsvolle gestaltet wurde. Das beginnt bei technisch hervorragenden, aber gerade deshalb kinderfeindlichen, weil empfindlichen Detaillierung der Fahrzeuge und endet bei der taschengeldfeindlichen Preisgestaltung der Fahrzeuge und Zubehörteile. Ein Kinderspielzeug wurde somit zum Erwachsenenhobby umgestaltet. Doch das Problem ist nun, dass diesem Hobby aus den genannten Gründen der Nachwuchs auszugehen droht.

Auch Jugendliche finden Interesse am Spiel mit der Modellbahn, wenn es attraktiv genug ist und sie zu fesseln versteht.
Foto: Jochen Frickel

Wunschdenken für die Zukunft

Natürlich wünschen sich Eltern, dass ihre Kinder ähnliche Interessen wie sie selber entwickeln. Eine Modellbahnerin oder ein Modellbahner wären natürlich glücklich, wenn ihre Kinder eines Tages selbst mit ähnlicher Begeisterung am Trafo drehen wie die Großen. Doch die Frage ist, wie man seine Kinder dazu bringt, sich dieser Freizeitbeschäftigung zu widmen.

Der Modellbau schult die Wahrnehmung: Denn nur wer mit wachen Augen durchs Leben geht, dem gelingen solch wirklichkeitsnahe Ergebnisse.

Die Vorzüge einer Modellbahn liegen auf der Hand: Das Spiel mit den Zügen ist von sich aus nicht aggressiv, ganz im Gegenteil zu so manchem Computerspiel. Der Energieaufwand, den es als Modellbahner oder -bauer erfordert, ist erfreulich niedrig. Zugleich stellt es an den Menschen eine ganze Reihe von Herausforderungen: es appelliert an die Kreativität, fordert praktisches Denken und schult die unterschiedlichsten Fähigkeiten. So macht es beispielsweise Lust zu lesen, denn schließlich möchte man etwas über das Vorbild erfahren oder möchte sein Wissen verbessern oder seine modellbauerischen Kenntnisse erweitern.

Zugleich dürfte es klar sein, dass mit Zwang bei Kindern nichts zu erreichen ist. Wenn sie sich andauernder Beeinflussung durch den modellbahnbegeisterten Vater oder die Mutter erwehren müssen, werden sie bestenfalls zu (Modell-)Eisenbahnhassern werden.

Anders als noch vor einigen Jahrzehnten gilt die Beschäftigung mit der Modellbahn heute als ein akzeptables Hobby. Dazu trugen nicht zuletzt eine Reihe von Prominenten bei, die sich in aller Öffentlichkeit zu ihrer bevorzugten Freizeitbeschäftigung bekannten. »Auftritte« von Modellbahnanlagen im Fernsehen wie der überaus beliebten und bekannten »Wetten dass«-Show sowie Spiele in Formaten wie der Containersendung »Big Brother« von RTL rückten die Modellbahn wieder in das Blickfeld. Natürlich muss man hierbei auch Fernsehsendungen wie die immer noch aktuelle »Eisenbahnromantik« des SWR nennen. In den 80er-Jahren sendete der NDR eine ganze Reihe von Sendungen zum Thema Modellbahn namens »Komm und spiel mit mir!« Vielleicht werden diese Aufzeichnungen ja mal wiederholt. Inzwischen dürften sie durch ihr Alter einen gewissen nostalgischen Reiz besitzen, der sie umso sehenswerter macht.

Nicht zuletzt trugen dazu auch viele Modellbahnerinnen und -bahner bei, die mit ihren Anlagen aus der Abgeschiedenheit ihrer Keller und Hobbyräume auftauchten und die Öffentlichkeit suchten, etwa bei Ausstellungen oder Messen. Darüber hinaus trugen zahlreiche Artikel in der Modellbahnpresse zum höheren Sozialprestige dieses Genres bei. Zudem haben manche dieser Publikationen inzwischen ein Niveau erreicht, die die Lektüre in der Öffentlichkeit nicht mehr zum peinlichen Unterfangen machen.

Mit Kindern Modellbahn spielen, heißt Abschied vom modellbahnerischen Perfektionismus zu nehmen. Aber warum nicht mal Plastikmonster im O-Wagen transportieren, der ansonsten nur Kohleimitate befördert. Das »Ladegut« freut sich über die völlig neue Beförderungsart.

Aber natürlich ist es mit diesem Hobby wie mit allen anderen Freizeitbeschäftigungen auch: Sie dürfen niemals Selbstzweck werden oder einen in den finanziellen Ruin treiben. Ein Hobby muss immer ein Hobby bleiben und darf niemals zum Lebensinhalt werden. So mancher Modellbahner hat dabei schon seine Familie und andere sozialen Kontakte vernachlässigt, ja sich richtiggehend abgekapselt.

Wieder andere Modellbahner neigen dazu ihren Perfektionismus und den Alltagsstress mit in ihre Freizeitbeschäftigung zu nehmen. Dabei verlieren sie den Spaß mit ihrem Hobby und das große Ganze völlig aus den Augen. Darunter sind zum Teil leider Menschen, die unser Hobby so verbissen betreiben, dass sie zu allem möglichen taugen, aber nicht zum Vorbild für Kinder. Kultiviert man diese persönlichen Schwächen, so wird man Kinder niemals zur Modellbahn bringen können; denen ist es nämlich vollkommen egal, ob ein Fahrzeug exakte Maße besitzt, ob es genau beschriftet ist oder nicht und ob es die richtige Getriebeübersetzung hat oder nicht.

Das Ziel in der Beschäftigung mit modellbahnbegeisterten Kindern kann es nicht sein, einen wie auch immer gearteten Perfektionismus weitergeben zu wollen oder gar Marotten zu vererben. Deshalb kann das Experiment »Einsteigen, bitte! Modellbahn und Kinder« nur dann einen Chance auf Erfolg haben, wenn man den Wünschen der Kinder Rechnung trägt und ihre (Spiel-)Welt, so wie sie ist, respektiert.

Auch wenn der ICE ansonsten eine andere Klientel durch die Lande kutschiert, so muss er nun eben mit diesen zugegeben seltsamen Fahrgästen Vorlieb nehmen. Doch so unglücklich ist er darüber gar nicht. Denn seine (Modell-)Zukunft hängt nun mal von den Kindern ab …

Kapitel 2

Züge für die Kids – die Wiedergeburt eines alten Spielzeugs?

Trotz aller düsteren Prognosen über die Zukunft der Modellbahn glaube ich dennoch, dass die Modelleisenbahn ihren Reiz für Kinder noch nicht verloren hat. Zugegeben, es ist wesentlich schwieriger, heutzutage Kinder für etwas zu begeistern, die Auswahl an – mehr oder weniger sinnvollem – Spielzeug ist viel zu groß, um von den Kleinen konsumkritische Wünsche zu erwarten.

Eine Lokomotive mit Waggons muss sich in der Landschaft bewegen, um Kinder zu faszinieren. Das bloße Posieren im Schaufenster lockt den Modellbahnnachwuchs nicht an.

Das Problem fängt schon damit an, dass Fachgeschäfte kaum mehr eine funktionierende Modelleisenbahn im Schaufenster haben. Zumindest in der Weihnachtszeit wäre das ein Magnet für Kinderaugen. Stattdessen liegen die Loks und Wagen wie Juwelen edel drapiert und von Spots beleuchtet – lassen Sie mich ruhig etwas übertreiben – in der Auslage des *local dealers*. »Nichts ist so tot wie das Schaufenster eines deutschen Modellbahnfachhändlers«, ließ mich kürzlich ein frustrierter Modellbahnvater wissen. Sein Sprössling, er war so um die sieben Jahre alt, klebte stattdessen buchstäblich am Fenster der benachbarten Tierhandlung, denn da wetzten ein paar Meerschweinchen umher.

Nun werden mir Fachhändler vorhalten, dass eine betriebsfähige Schaufensteranlage teuer sei und »das alles wegen ein paar Kids, die sich ohnehin nicht für Eisenbahnen interessieren?« Dieser Einwand der Fachhändler ist verständlich, aber falsch. Denn ohne diese Mühe, eine Schaufensteranlage zu installieren, und sei sie noch so klein, bleiben wohl auch weiterhin keine Kinder mehr vorm Fenster stehen. Die Ablenkung durch anderes Buntes und Glitzerndes ist zu groß. Es gilt nicht nur für den Modellbahnhändler, Eisen- und Modellbahnen interessant zu machen.

Darum wenden wir uns jetzt verstärkt den Kindern zu und erzählen ihnen ein bisschen was über Eisenbahnen und Modellbahnen. Schließlich wollen wir ja, dass sie diesen Bereich kennen lernen.

Was ist eine Eisenbahn?

Wo immer auch Menschen leben, meist haben sie viele Waren zu transportieren. Zum Beispiel Lebensmittel oder Kleidung, aber auch Rohstoffe, die weiterverarbeitet werden sollen. In früherer Zeit fuhren die Menschen mittels Karren, die Holzräder besaßen, über lange Strecken. Diese Arbeit war sehr anstrengend und gefährlich. Denn die Wege waren nicht so gut wie heute, und Räuber hatten es auf die Waren abgesehen. Um dir die Anstrengung vorstellen zu können, versuche mal mit dem Fahrrad durch Sand zu fahren. Das ist ganz schön anstrengend. Fährst du aber über eine geteerte Straße, ist das ganz leicht.

Schon bald kam den Menschen die Idee, dass die Straßen verbessert werden müssten. Dann würden die Karren besser und leichter rollen. Also bauten sie gepflasterte Straßen und Wege. Doch das war teuer. Und die den Wagen vorgespannten Pferde oder Ochsen waren nach wie vor langsam. Wurde die Straße zu steil, versagte die Zugkraft der Tiere. So wünschten sich die Menschen eine Straße, auf der man ganz leicht fahren konnte. Zudem erhofften sie sich kräftige Tiere, die die Wagen ohne Schwierigkeiten über den Berg ziehen konnten.

Doch es dauerte lange, lange Zeit, ehe in England der Ingenieur Robert Louis Steven-

Auch die Modelle der großen Vorbilder erwecken den Eindruck von zeitloser Eleganz auf Schienen. Das beweisen diese Tillig-Modelle für die TT-Spur. *Foto: Tillig*

son die zündende Idee hatte. Er schuf um 1820 eine glatte Straße, indem er eiserne Schienen verlegte. Darauf stellte er ein Fahrzeug mit eisernen Rädern. Denn eiserne Räder waren ganz leicht über eiserne Schienen zu ziehen. Das Fahrzeug wurde mit Dampf angetrieben. Denn Dampf hat große Kraft. Wenn du mal einen Topf mit kochendem Wasser beobachtest, kannst du sehen, wie Dampf den Deckel hoch hebt. Und diese Kraft, nur noch viel größer, trieb das Fahrzeug von Stevenson an. Da es auf eisernen Bahnen fuhr, wurde es »Eisenbahn« genannt. Damit war es möglich, rasch große Warenmengen zu transportieren.

Und bis heute ist es so geblieben. Die Eisenbahn hat sich natürlich weiterentwickelt. Dampflokomotiven gibt es heute nur noch bei Museumsbahnen. Heute fährt die Eisenbahn mit elektrischer Kraft oder mit einem Dieselmotor, wie er auch in manchen Autos vorkommt. Denn diese Antriebe sind billiger und besser als eine Dampflok. Eisenbahnen transportieren Waren zwischen den Menschen hin und her. Der Lebensmittelhersteller bekommt zum Beispiel Rohstoffe wie Milch oder Fleisch und macht daraus Lebensmittel. Eine große Fabrik bekommt mit der Eisenbahn Heizöl für ihre Maschinen oder Kohlen für die Öfen. Natürlich befördert die Eisenbahn auch Menschen. Sie bringt Schüler in die Schule, Urlauber an ihren Ferienort, Fußballmannschaften zum Auswärtsspiel und Tante Hulda zur Nichte zum Kaffeeklatsch.

Der Vorteil der Eisenbahn ist ihre Schnelligkeit, Staus wie auf der Autobahn gibt es bei ihr nicht. Zudem ist sie ein zuverlässiges Verkehrsmittel, denn schlechtes Wetter macht ihr nicht soviel aus wie dem Auto.

Kennenlernen vor Ort

Wie schon erwähnt wurde, nehmen viele Kinder die Eisenbahn kaum noch als Verkehrs- oder Transportmittel wahr. Um dem ein wenig abzuhelfen, bieten sich viele Möglichkeiten an. Zum Beispiel ein Besuch auf dem Bahnhof oder ein Ausflug per Zug. Gewiss gibt es dort viel Spannendes zu entdecken. Ein Bahnhofsfest ist eine prima Idee, Kindern die Eisenbahn näher zu bringen. Meiner Erfahrung nach gibt es dabei immer spezielle Angebote für Kinder und Eltern.

Auf manchen Bahnhofsfesten wie hier in Nördlingen werden Draisinenfahrten angeboten, die gerade für Kinder eine spannende Möglichkeit sind, die Eisenbahn zu erleben.

Museumsbahnen und Nikolausfahrten

Eine weitere Möglichkeit, mit Kindern die Eisenbahn buchstäblich zu »erfahren«, ist der Besuch einer Museumsbahn. Die Adressen von solchen Einrichtungen kann man aus dem Internet herunterladen oder im »Kursbuch der deutschen Museumseisenbahnen«, das in jedem Jahr neu erscheint, nachlesen. Oftmals inserieren sie auch in der Tagespresse oder in Modellbahnzeitschriften. An speziellen Fahrtagen bieten solche Bahnen Sonderfahrten, oftmals mit besonders interessantem Fahrzeugmaterial an. Bei den Fahrten, bei denen ich dabei war, wurde Kindern immer ein besonderes Programm geboten. Seien es Draisinenfahrten oder sogar Führerstandsmitfahrten. Bisweilen wurden auch Schienenfahrradwettfahrten veranstaltet. Solche Veranstaltungen ermöglichen es, Kindern das Transportmittel Eisenbahn mit viel Spiel und Spaß und darum auf attraktive Art und Weise näher zu bringen.

Zahlreiche Eisenbahnvereine, die altes Fahrzeugmaterial wieder betriebsbereit hergerichtet haben, fahren in der Vorweihnachtszeit mit ihren heimelig-warmen Wagen in den hoffentlich tief verschneiten Tann. Dort hält die Fuhre

In Eisenbahnmuseen können die unterschiedlichsten alten Lokomotiven in aller Ruhe betrachtet, fotografiert und dem Nachwuchs näher gebracht werden.

Nikolausfahrten sind sowohl für bescherungshungrige Kinder wie romantische Erwachsene eine empfehlenswerte vorweihnachtliche Unternehmung. Leider war in den vergangenen Jahren der Schnee knapp, sodass die Aufnahmen der BR 75.10 der Ulmer Eisenbahnfreunde ziemlich unweihnachtlich wirken.

dann und aus dem Wald schält sich eine rot-gewandete Gestalt mit einem Sack auf dem Rücken. Der Nikolaus kommt! In den Fahrzeugen werden dann die Kinder von ihm beschert. Eine gute Idee, um Kinder für die Eisenbahn zu begeistern.
In diesem Zusammenhang fällt mir eine Geschichte ein, die sich vor fünf Jahren zugetragen hat. Wir fuhren damals mit einem solchen Nikolauszug und hatten das große Glück, dass es an diesem Tag schneite. Der Eisenbahnverein bot mehrere Fahrten an diesem 6. Dezember 1998 an. In einem geheizten Lokschuppen auf dem Gelände des Clubs konnte man sich aufhalten, es gab zu essen und Glühwein – für die Kinder natürlich Tee und Gebäck. Durch das heftige Schneetreiben an diesem Tag war allerdings der Zug irgendwo da draußen stecken geblieben. Um 14 Uhr sollte Abfahrt sein, aber der Zug kam und kam nicht. Da wird es ganz schön schwierig, Kinder bei Laune zu halten. Zum Glück konnte man ja Schneeballschlachten machen.
Irgendwie gelang es den Clubmitgliedern, den Zug freizuschaufeln, sodass er mit anderthalbstündiger Verspätung ankam und bald darauf wieder losfahren konnte. Inzwischen war es jedoch dämmrig geworden. Es schneite zwar nicht mehr, aber man sah von der traumhaften Landschaft eigentlich nichts. Als der Zug im verscheiten Wald anhielt, sorgte das eher für Entsetzen als für Vorfreude. Erst der Zuruf: »Der Nikolaus kommt!«, beruhigte die Gemüter. Die anschließende Bescherung freute die Kinder natürlich ganz besonders. Im Zielbahnhof angekommen, musste die Lok Wasserfassen und ans andere Zugende für die Heimfahrt umsetzen. Dabei habe ich dann den Kardinalfehler begangen, den man tunlichst vermeiden sollte: Nämlich mit erhobenem Zeigefinger von der Eisenbahn erzählt. Dem

Großen, er war damals immerhin schon zehn, glaubte ich etwas über Dampfloks erzählen zu müssen. Ich nahm ihn nach draußen mit, postierte ihn vor die Lok und hub also an: »Also, schau mal, das ist eine Dampflok. Die braucht Wasser.« Da unterbrach er mich mit den Worten: »Warte mal, ich muss mal weg.« Ich wartete zwei Minuten, drei, vier, fünf. Als ich nach vorne an das eine Zugende schaute, erblickte ich ihn bei der Schneeballschlacht. Dampfloktechnik hin, Dampfloktechnik her, der Nachhilfeunterricht hat wohl nicht geklappt ...

Was ist eine Modellbahn?

Nach aktuellen Umfragen befinden sich in vier Millionen bundesdeutschen Haushalten Modellbahnen unterschiedlicher Baugrößen und Themen. Warum ist die Modellbahn zumindest bei diesen vier Millionen Menschen ein attraktives Hobby? Immerhin haben sie sich ja eine Anfangspackung geleistet, obwohl bei vielen danach die Lust auf Modelleisenbahnen wieder eingeschlafen ist. Doch bei denjenigen, die dabei geblieben sind, liegt der Reiz sicher im Vorbild begründet. Technik, Geschwindigkeit und Fernweh sind nach wie vor treibende Gründe, sich mit der Modellbahn zu beschäftigen. In den vergangenen zehn Jahren erhielt dieses Hobby zudem weitere Impulse. Hochwertige Technologien haben die Modellbahnindustrie inzwischen in die Lage versetzt, die Modelle in bisher ungeahnter Präzision und Detailgenauigkeit und -fülle anzubieten. Neben dem rollenden Material hat sich auch die Modellbahntechnik verbessert. Die Mikroelektronik hat in den Modellbahnkellern und -räumen Einzug gehalten. Hierzu gehören digitale Mehrzugsteuerungen, die ein vorbildgetreues Beschleunigen und Abbremsen erlauben. Gleisbildstellpulte ähneln ihren Vorbildern aus den Stellwerken der DB AG, sodass der Modellbauer seine Anlage mit hochmoderner Steuerungselektronik ausrüsten kann.

Für Modelleisenbahnen gibt es nahezu jedes erdenkliche Zubehör. Mit Bäumen und Grasfasern sowie einer Brücke kann der Inhalt der Roco-Anfangspackung mit einer Dampflok, Personen- und Güterwagen noch weiter aufgewertet werden. *Foto: Roco*

Da an attraktivem Zubehör kein Mangel herrscht, und da man viel selber bauen kann, gilt die Modellbahn auch heute noch als sehr kreatives Hobby. Das leuchtet ein: Am Anfang herrscht im Keller das Chaos. Nichts ist vorhanden, lediglich etwas Platz. Nun beginnt der Modellbauer sich Gedanken zu machen, schon wird er kreativ. Er entwirft Pläne, die immer detaillierter werden. Schließlich beginnt er einen Unterbau zu konstruieren. Doch beim Bau stellen sich zahlreiche Probleme: Zum

Beispiel reicht der Platz für die vorgesehene Streckenführung nicht oder Kunstbauten sind zur Bewältigung von Abgründen nötig. Erneut muss geplant werden. Mit viel Kreativität findet er dann Lösungen.
Als nächstes folgen der technische Aufbau von Gleistrassen und die Verkabelung. Danach geht es – ganz wichtig! – auf Probefahrten, denn jetzt lassen sich noch einige Baufehler ausbügeln. Auch hier müssen mannigfaltige Probleme gelöst werden. Schließlich beginnt der Modellbahner mit der Geländegestaltung, die seiner Phantasie alles abverlangt. Wie wird das Dörfchen wirken? Ist der Wald auch dicht genug? Wie kommt die gesamte Farbgestaltung rüber? Und andere Fragen mehr sind zu beantworten. Dann endlich ist der große Tag da: Der erste Zug fährt über die Anlage, deren Bau den Modellbahner soviel Mühe gekostet hat. Aber der berechtigte Stolz auf sein Werk entschädigt ihn für alle Anstrengungen.
So wie beim Bau einer Modellbahn gehören mannigfaltige Schwierigkeiten auch zum Leben, aber das kreative Finden von Lösungen ebenso. Und genau dieser Weg, mit Problemen umgehen zu lernen und sie zu lösen, ist das Wertvolle, was eine Modellbahn Kindern beibringen und mit auf den Lebensweg geben kann. Kinder, die es gelernt haben, vor Problemen nicht davonzulaufen, sondern sie anzunehmen und sie als Herausforderung zu betrachten, sind auch im späteren Leben stabiler. Der Bau einer kleinen Eisenbahn – sie können darüber lachen oder nicht – hilft dabei.

Ausstellungen und Spieltreffen

Landauf, landab werden übers Jahr Modellbahnausstellungen veranstaltet. Auch wenn es dort wie im Ameisenhaufen zugeht, und es gewiss Entspannenderes gibt, als mit Kindern solch einen Veranstaltung zu besuchen, bieten sie doch die Möglichkeit, zahlreiche wunderschöne Anlagen zu betrachten. Die Lust auf das Bauen und Basteln kommt da nicht nur bei Erwachsenen gewissermaßen von allein.

Warum denn nicht mal im Freien Modellbahn spielen? Bei Verwendung eines geeigneten Gleissystems, das die Verschmutzungen der Fahrzeuge verhindert, ist das kein Problem.
Foto: Jochen Frickel

Inzwischen gibt es hierzulande auch zahlreiche ständig aufgebaute Schauanlagen. Darunter sind wahre Meisterwerke von einer unbeschreiblichen Pracht und Größe. Die Adressen nebst Telefonnummern und Internetadressen von den wichtigsten Schauanlagen in Deutschland und alle notwendigen Informationen hierzu sind im Anhang zu finden. Auf verschiedenen Modellbahn-

Modellbahnen

Nachdem ich etwas über Eisenbahnen und ihre Aufgaben erzählt habe, komme ich nun zur Modellbahn. Was ist das? Was versteht man darunter?

In früherer Zeit wurden Kinder mit Spielzeug auf das spätere Leben vorbereitet. Sie spielten dabei mit Gegenständen, die der Welt der Erwachsenen entstammten. Kaum gab es die große Eisenbahn, da wurden auch schon verkleinerte Lokomotiven und Wagen hergestellt. Denn das Spiel mit den Gegenständen aus der Welt der Erwachsenen machte immer schon viel Spaß.

In der Zeit, als deine Großeltern noch Kinder waren, entstanden die ersten richtigen Modellbahnen. Das waren Lokomotiven und Waggons, die ihren großen Vorbildern ähnelten. Sie fuhren auf Gleisen, die man miteinander zusammenstecken konnte. Und sie funktionierten mit Strom. Man musste sie nicht mehr aufziehen wie einen Wecker. Man stellte sie auf die Schienen und bediente einen Transformator. Das war ein großer Kasten. Je nachdem, ob das Kind die Lokomotive schnell oder langsam fahren lassen wollte, gab der Transformator den Lokomotiven mal mehr, mal weniger Strom.

Aus diesen ersten richtigen Modellbahnen entwickelte sich bis heute die elektrische Modellbahn, so wie du sie aus dem Laden kennst. Heutige Modellbahnen ähneln ihren Vorbildern bis aufs i-Tüpfelchen. Ihre Antriebe sind sehr leistungsfähig. Mit einer heutigen Modelllok kannst du lange Züge ziehen, aber auch sehr schnell und sehr langsam fahren. Es gibt eine riesige Menge an Waggons, die die unterschiedlichsten Aufgaben erfüllen. Zudem findest du in den Modellbahnläden fast alles, was es zum Aufbau einer tollen Anlage braucht.

Die Möglichkeiten mit einer Modellbahn zu spielen, sind nahezu unbegrenzt. Dabei gibt es immer wieder neues zu entdecken. Vielleicht fährst du ja am liebsten einfach nur durch die Landschaft. Aber vielleicht macht dir ja auch das Bauen von Häuschen Spaß. Was du alles machen kannst und wie manches geht, habe ich weiter unten dargestellt.

Eine Anfangspackung mit umfangreichem Inhalt und zugkräftiger Dampflok bietet Märklin an. ***Foto: Märklin***

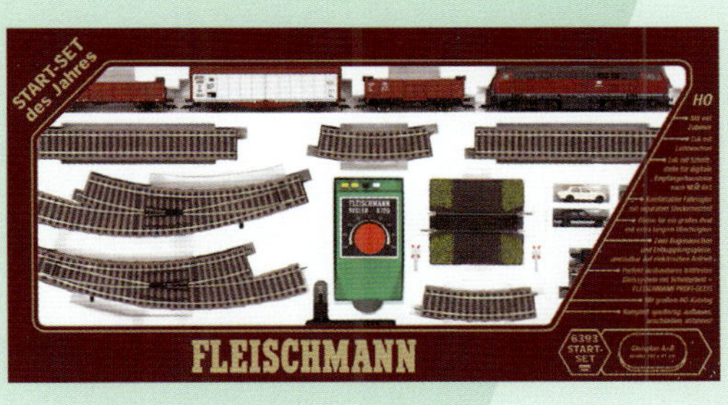

Der Anfang gelingt am leichtesten mit einer Anfangspackung. Fleischmann bietet in seinem »Start-Set des Jahres« alljährlich einen neuen Inhalt an. ***Foto: Fleischmann***

ausstellungen bieten manche Modellbahnhersteller immer wieder spezielle »Mitmachtage« an. Dabei können Kinder am Stand des betreffenden Herstellers mit den Produkten des Unternehmens spielen und basteln. Das Schöne daran ist, dass sie dies in Gruppen und mit mehr oder weniger Gleichaltrigen tun. Das spornt an. Bisweilen können die Kinder sogar an eigens für sie aufgestellten Modellbahnanlagen spielen.

Brio, Lego, Playmobil

Kinder wollen spielen – logisch. Und dieses Spiel richtet sich nach dem Lebensalter der Kinder – auch logisch. Kleine Kinder erfahren ihre Welt, indem sie sie »be-greifen«. Für viele Generationen von heutigen Modellbahnerinnen und -bahnern stellte die Holzeisenbahn die erste Begegnung mit einer »Modellbahn« dar. Die Fahrzeuge konnte man befühlen und entdeckte dabei die schön glatten, runden und warmen Holzformen. Heute, im allgemeinen Überfluss, erscheint solches Spielzeug wohl ziemlich reizarm.

Die Fahrzeuge einer Holzeisenbahn kann man mittels an den Enden angebrachten Magneten bzw. Haken und Ösen untereinander »kuppeln«. Ein Fahrzeugende besitzt einen Haken, das andere eine Öse und man hängt die Waggons aneinander. Ähnlich funktionieren die Magnete, der eine ist positiv, der andere negativ geladen. Enttäuschend ist dabei lediglich, dass die Fahrzeuge durch diese »Kuppelvorrichtungen« nicht beliebig kuppelbar sind. Dennoch stellen Holzeisenbahnen, etwa das riesengroße Angebot der beiden bekanntesten Hersteller, Brio oder Eichhorn, immer noch einen ersten Schritt in die Freizeitbeschäftigung »Modell-

Auch wer kein begnadeter Modellbauer ist, kriegt in der Baugröße H0 eine passable Landschaft hin. Wenn ein Züglein über die selbst gebaute Anlage zuckelt, ist die Illusion perfekt und das Bastlerherz lacht vor Glück.

eisenbahn« dar. Die Fahrzeuge, Schienen und sämtliches Zubehör bestehen aus Holz, das sauber verarbeitet und lackiert ist. Dabei beschränken sich die Hersteller auf wenige Formen und Farben.
Ein großer Vorteil einer Holzeisenbahn ist, dass die Kinder sie leicht aufbauen können. Sie braucht eigentlich keine Schienen. Zum Spielen eignen sich auch entsprechend gemusterte Teppiche oder Auslegeware mit entfernt an Linien erinnernden Mustern – das habe ich von den Kindern gelernt, die mir beim Schreiben dieses Buches geholfen haben. Im Sommer nimmt man im Garten schnell den Rechen zur Hand, zieht auf den Gartenwegen und – natürlich unbepflanzten – Beeten ein paar Spuren und fertig ist die »Gleisanlage«.
Die bunten Kunststoffbauklötze von Lego sind nicht nur weltbekannt, sondern stellen ebenfalls einen gangbaren Weg zur ersten elektrischen Eisenbahn dar. Das Unternehmen bietet eine breite Palette an voll funktionsfähigen Fahrzeugen und Gleismaterial an.
Auch Playmobil, bekannt durch seine immer freundlich lächelnden Kunststofffiguren, bietet eine Kindereisenbahn an. Die Fahrzeuge können auf Gleisen der Lehmann-Groß-Bahn – besser bekannt als LGB – fahren. Die Qualität der Playmobilerzeugnisse gilt als sehr gut und erträgt auch rüde Umgangsformen. Das ganze Playmobilmaterial passt zur LGB, damit ist ein Übergang vom Kinderspiel zum Hobby eines Erwachsenen problemlos möglich.
Doch die Produkte von Brio, Lego und Playmobil sollen hier nur am Rande gestreift werden, denn das Ziel dieses Buchs ist ein anderes: Kinder sollen in diesem Rahmen mit einer Modellbahn in Kontakt kommen. Die genannten Firmen bieten zwar kindgerechte Eisenbahnen an, aber eine Modellbahn im engeren Sinne stellen sie nicht dar, auch wenn ein ICE-ähnliches Fahrzeug von ihnen angeboten wird.

Die Qual der Wahl: Was ist Baugröße I, H0, TT und N?

Etwa Mitte der 30er-Jahre des 20. Jahrhunderts wurde die »elektrische Miniatur-Tischbahn H0« präsentiert. Dieses Datum überrascht nicht weiter, denn damals fuhr der Schnelltriebwagen »Fliegender Hamburger« und die Reichsbahn verkehrte mit hochmodernen Fahrzeugen in Rekordzeiten zwischen den wichtigen Deutschen Bahnhöfen. Der Ruf der Bahngesellschaft war hervorragend. Allerbeste Voraussetzungen also für die Vorstellung einer neuen Modellbahn in einer besonderen, damals neuen Baugröße.
Die Gründe hierfür waren einleuchtend. Die bislang bekannten Baugrößen 0 und I waren mit ihren Maßstäben von 1:43,5 bzw. 1:32 für eine stationäre Anlage zu groß, sie benötigten zu viel Platz. Das bedeutete, dass der Kundenkreis von vorneherein auf wohlhabende Zeitgenossen mit entsprechend großen Wohnungen oder Häusern beschränkt war. Zugleich bedeutete es auch, dass die Eisenbahn nur an Weihnachten oder an bestimmten Festtagen aufgebaut werden konnte – des

Platzbedarfs wegen. Die Zeit war also reif für eine Tischbahn, die platzsparend aufgebaut werden konnte.
Die Idee, eine solche Tischbahn im Maßstab 1:87 zu schaffen, war von Erfolg gekrönt. Die Baugröße H0 setzte sich international durch und wurde mit Abstand zu der beliebtesten Modellbahn. Für viele Modellbauer stellt H0 den optimalen Kompromiss zwischen dem zur Verfügung stehenden Platz und den Wünschen nach einer hohen Gestaltungsvielfalt dar. Die Fahrzeuge sind noch schwer genug, um die Illusion des Vorbilds zu erzeugen. Zu der weiten Verbreitung von H0 sorgte auch die Tradition. Denn Mitteleuropa ist nicht nur die Wiege der Modelleisenbahn, sondern hier wurde die Baugröße H0 zu einer Art Inbegriff von Verkleinerungsmöglichkeiten und funktionierender Präzision auf Modellschienen. Noch heute ist vielerorts in Deutschland H0 und Märklin ein Synonym für Modellbahn: »Wir bauen die Märklin auf«, heißt es dann.

Wie du an diesem Modell der Baureihe 85 von Märklin/Trix siehst, stellt die Baugröße H0 einen handlichen Verkleinerungsmaßstab dar. Die Lok wirkt schwer und ist es auch. Zudem hast du mit der H0-Lok wirklich etwas in der Hand.

Im Jahr 1960 wurde die Baugröße N kreiert, die mit dem Maßstab 1:160 auf noch kleinerer Fläche aufregende Fahrmöglichkeiten bot. Die Baugröße TT – das doppelte t steht für das englische *table top* – fand mit ihrem Maßstab von 1:120 vor allem im Osten Deutschlands Verbreitung, in den Westteilen Deutschlands konnte sich diese Baugröße nicht durchsetzen.

Kleines und Großes

In einem Modellbahnladen stehen Fahrzeuge in ganz unterschiedlichen Größen herum. Warum ist das so? Seitdem es Modellbahnen gibt, wurden sie in unterschiedlichen Maßstäben gebaut. Ein Maßstab erklärt, wie klein ein Modell ist. Dazu ein Beispiel: Die bekannteste Modellbahngröße ist H0 (sprich »Ha-Null«), der zugehörige Maßstab ist 1 zu 87. Das bedeutet, dass ein Fahrzeug oder Gebäude, ein Auto oder eine Figur 87-mal kleiner ist als in Wirklichkeit. Man spricht dann von der Baugröße H0.
Diese Baugröße ist die am weitesten verbreitete Modellbahn, denn sie ist klein genug, um auf dem Tisch aufgebaut zu werden. Doch dabei ist sie auch noch handlich genug, um ausreichend stabil zu sein.
Die Baugröße I hat den Maßstab 1 zu 32. Es ist ganz klar, das heißt, dass ein solches Modell 32-mal kleiner ist als das zugehörige

Die Epochen machen es einfach

Um die nahezu unüberschaubare Vielfalt der Modellbahnen und ihres Zubehörs etwas besser zu gliedern, erfanden einige Modellbahner die Einteilung in so genannte Epochen. Ausgehend von den ersten Eisenbahnen um 1835 wurde die Eisenbahngeschichte in bis heute fünf – manche propagieren auch sechs – Epochen eingeteilt. Die Zeitgrenzen stellen in der Regel historische Ereignisse dar, die einen grundlegenden Wandel nach sich zogen, also etwa der Zweite Weltkrieg.

Mit der Modellbahn in der Baugröße H0 lässt sich im Kinderzimmer eine ansehnliche Gleisanlage aufbauen.
Foto: Thomas Drexel

Vorbild. Da sie schon einiges an Platz benötigt und das Modellangebot sehr übersichtlich ist, ist sie eher eine Bahn für Leute mit einer großen Wohnung.
In der Baugröße TT ist das Modell 120-mal kleiner als das große Fahrzeug und in Baugröße N beträgt der Maßstab 1 zu 160. Auch das Modellangebot für die Baugröße TT ist im Vergleich zu HO sehr übersichtlich, eine riesige Auswahl wie bei HO hast du nicht. Eine Lok der Baugröße N ist also 160-mal kleiner als die echte Lok. Diese Baugröße benötigt zwar wenig Platz, erfordert aber saubere Schienen für einen Betrieb. Sie ist etwas staubempfindlicher als die größeren Spuren.
Wenn du dich für eine bestimmte Baugröße entschieden hast, so kannst du deine Eisenbahn mit zahlreichen dazu passenden Zubehörteilen ausstatten.

Buntes Allerlei – farbige Bahnwelt

Vielleicht hast du schon mal hier und da was von den so genannten Epochen bei der Modellbahn gehört. Was ist das eigentlich? Wenn du dich in einem Modellbahnladen umschaust, siehst du viele, viele Loks und Wagen. Und alle sind ganz unterschiedlich lackiert und beschriftet. Warum? Nun, wie du weißt, gibt es in Deutschland seit 1835, also seit langer, langer Zeit, Eisenbahnen. Damals gab es in Deutschland viele verschiedene Eisenbahnverwaltungen. Und jede davon wollte ihre Fahrzeuge unverkennbar

Hier ist eine preußische Dampflokomotive der Baureihe T 20 in der Länderbahnfarbe zu sehen. Das »T« stand übrigens für »Tenderlok«, also für eine Maschine mit fest angebautem Kohlen- und Wasservorrat. Die Kohlen waren in dem kleinen hinteren Anbau untergebracht, das Wasser wurde in die großen seitlichen Tanks gefüllt.

Die Baureihe 41 trägt hier das Lackierungsschema der Deutschen Reichsbahn-Gesellschaft der späten 1920er-Jahre. Es hatte bis zur Ausmusterung der letzten Dampfloks in den 1970er-Jahren Gültigkeit.

Die Dieselloks der Baureihe 220 waren in den 1950er-Jahren die Paradepferde der Deutschen Bundesbahn. Damals erhielten sie auch ihre typische rote Lackierung mit dem charakteristischen V an den Stirnfronten.

machen. Deshalb verpasste sie ihren Loks und Waggons eine typische Farbe. Und diese Zeit nennt man Epoche 1 oder die Länderbahnzeit. Oft kannst du bayerische Loks und Waggons sehen, die sind dunkelgrün. Preußische Loks zum Beispiel sind olivgrün und haben rote Räder. Inzwischen gibt es Eisenbahnmodelle von beinahe allen früheren deutschen Länderbahnverwaltungen.

Sicher hast du schon mal was vom Ersten Weltkrieg gehört. Er dauerte von 1914 bis 1918. Und Deutschland hat ihn verloren. Deshalb dankte der deutsche Kaiser Wilhelm II. ab. Das war auch das Ende der vielen verschiedenen Eisenbahnverwaltungen. Danach wurde die Deutsche Reichsbahn-Gesellschaft, die DRG, gegründet. Somit gab es nur noch eine einzige Eisenbahnverwaltung in Deutschland. Sie führte eine neue Lackierung ein: Dampfloks waren schwarz, die Räder rot, E-Loks grau mit schwarzen oder roten Rädern. Die Personenwagen waren grün, die Güterwagen braun. Diese Zeit bezeichnet man als Epoche 2 oder Reichsbahnzeit.

Die Epoche 3 begann mit der Gründung der Deutschen Bundesbahn in der Bundesrepublik Deutschland und der Deutschen Reichsbahn in der Deutschen Demokratischen Republik. In dieser Zeit, die bis 1968 dauerte, fuhren noch schwarze Dampfloks, aber es gab auch schon so genannte Neubau-E-Loks. Die Deutsche Bundesbahn lackierte ihre neuen E-Loks blau oder grün mit schwarzen Rädern, die Deutsche Reichsbahn entschied sich für grün mit roten Rädern. Die Güterwagen waren meist braun, die Personenwagen überwiegend grün. Die Diesellokomotiven der Deutschen Bundesbahn waren rot,

Die Deutsche Reichsbahn der DDR lackierte das Gehäuse ihrer E-Loks grün, das Fahrwerk rot. Dieses Farbschema zeigt hier eine Maschine der Baureihe E 44. In der ehemaligen DDR wurden diese Loks seit 1968 als 244 bezeichnet.

Auf dem Foto siehst du einen so genannten Akkumulatoren-Triebwagen in ozeanblau-beiger Lackierung. Diese ursprünglich rot lackierten Fahrzeuge besaßen einen Elektromotor, der über Batterien gespeist wurde. Der Triebwagen musste daher immer wieder mit Strom für die Batterien »aufgetankt« werden.

Sogar noch die alte Diesellok der Baureihe 211 bekam in den 1990er-Jahren eine orientrote Lackierung spendiert. Der Maschine steht das gar nicht schlecht.

die der Deutschen Reichsbahn meistens ebenfalls rot oder auch orange.
Als die Computer immer wichtiger wurden, entschieden sich die beiden deutschen Bahnverwaltungen, die Beschriftung ihrer Fahrzeuge zu ändern. Die angeschriebenen Zahlen und Buchstaben sollte der Computer verarbeiten können. Um 1970 änderte sich darum die Beschriftung an den Fahrzeugen. In dieser Epoche 4 genannten Zeit wurden von beiden deutschen Bahnverwaltungen auch neue E-Loks gebaut. Die Deutsche Reichsbahn lackierte ihre E-Loks nun rot, die Deutsche Bundesbahn verwendete bei den E-Loks und den Diesellok nun zwei Farben: Beige und Blau. Bei manchen E-Loks auch Beige und Rot.
Im Jahr 1994 wurden die beiden Deutschen Bahnverwaltungen zusammengelegt. Daraus entstand dann die DB AG. Sie lackiert ihre Triebfahrzeuge und Waggons rot. Eine Ausnahme ist der ICE, der weiß ist. Das ist die Epoche 5. Es gibt auch viele, teilweise sehr bunte Privatbahnfahrzeuge.
Die Einteilung nach Epochen erleichtert es dir, dich im unüberschaubaren Angebot an Modellbahnen etwas besser zu Recht zu finden. Viele Modellbahner haben eine Anlage gebaut, die in einer der soeben vorgestellten Epochen spielt. Sie haben dabei darauf geachtet, dass nicht nur die Fahrzeuge, sondern auch die Gebäude und Autos so aussehen, wie es in der dargestellten Zeit üblich war oder ist. Das Spannende daran ist, dass man viel über die ausgewählte Epoche lernen kann. Wie war das damals? Wie lebten die Kinder? Wie war ihr Alltag?

Die moderne Deutsche Bahn mit ihren verkehrsroten Fahrzeugen übt auf Kinder eine besondere Faszination aus.

Kapitel 3

Hör mal, was da brummt – die elektrische Eisenbahn

Das Erlernen von technischen Zusammenhängen geschieht sozusagen selbsttätig, denn der Aufbau einer Modelleisenbahn stellt Kinder immer wieder vor technische Probleme. Das Lernen von technischen Dingen braucht man daher auch gar nicht zu betonen, die Kinder kommen dabei selbst auf Lösungen.

Woher die Kraft der Lokomotiven kommt

Eine elektrische Eisenbahn fährt mit Strom. Vor diesem elektrischen Strom brauchst du dich jedoch nicht zu fürchten. Denn eine Verletzung durch ihn ist beim Spielen mit der Bahn ausgeschlossen. Eine elektrische Modellbahn fährt nämlich mit ganz schwachem Strom. Um mit der Bahn zu spielen, muss man von den ganzen Zusammenhängen eigentlich keine Ahnung haben. Allen Modellbahnprodukten sind zumeist aus-

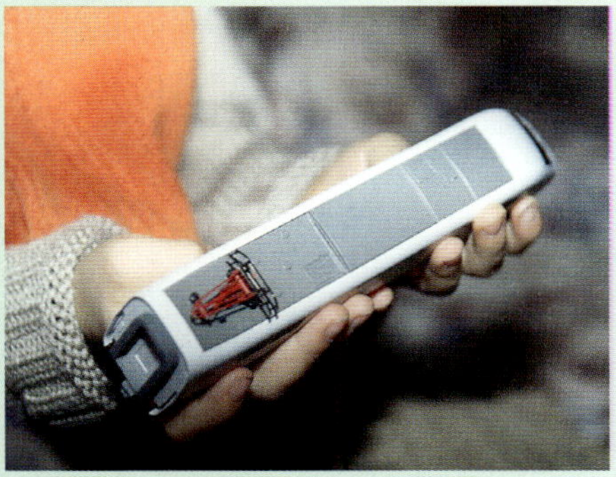

Auf dem Dach des ICE sitzt ein so genannter Dachstromabnehmer. Mit dieser Vorrichtung bezieht das Fahrzeug seine zum Fahren notwendige Energie aus der Oberleitung.

Wie in Wirklichkeit so nimmt auch der kleine Modell-ICE von Märklin den Fahrstrom aus der Oberleitung. Aber natürlich fährt das Modell auch mit dem Strom aus den Schienen.
Foto: Märklin

führliche und klare Beschreibungen beigegeben. Sie erläutern das Vorgehen beim Anschluss.

Doch ein bisschen Wissen über den Strom ist sicher kein Nachteil. Das Faszinierende am Strom ist, dass er eine unsichtbare Kraftquelle ist. Wenn du dich beim großen Vorbild ein wenig umschaust, siehst du zum Beispiel an den Oberleitungsmasten gelbe Hinweisschilder mit der Aufschrift »Vorsicht Hochspannung – Lebensgefahr«. Das ist auch notwendig. Denn die großen Elektrolokomotiven benötigen einen sehr starken Strom, um zu funktionieren. Aus der Steckdose zu Hause kommt jedoch ein wesentlich schwächerer Strom. Dort werden beispielsweise der Computer oder das Fernsehgerät eingesteckt. In dieselbe Steckdose schließt du auch den Stecker des Trafos deiner elektrischen Modellbahn an.

Der Strom wird von großen Kraftwerken erzeugt. Dazu gehören zum Beispiel Wasserkraftwerke, Kohlekraftwerke oder auch Windkraftwerke. Von dort aus gelangt der erzeugte Strom über lange Leitungen in die Haushalte.

Der erzeugte Strom ist zunächst sehr stark. Die meisten Elektrogeräte benötigen jedoch gar keine starken Ströme. Daher formt man den Strom um. Dieser Vorgang heißt Transformation. Das Gerät, das dies macht, nennt man Transformator. Bei der Modellbahn wird der Strom mit einem Transformator auf eine ungefährliche Spannung von etwa 16 Volt herunter transformiert. Du solltest alle Basteleien am Transformator unterlassen. Das Innenleben dieses Geräts ist tabu.

Wenn du mit deiner Eisenbahn fahren willst, steckst du den Stecker des Transformators in die Steckdose. Das Gerät formt den Strom auf ein ganz geringes Maß herunter. Mit dem Drehknopf des Transformators kannst du nun deine Lok steuern. Das ist wie beim Autofahren. Gibt man viel Gas fährt es schnell, gibt man wenig Gas, fährt es langsam. Das kannst du dir wie das Radfahren vorstellen. Um schnell zu fahren, musst du ordentlich in die Pedale treten. Um langsam zu fahren, genügt es, nur ein bisschen weiter zu treten. Und ganz ähnlich funktioniert der Transformator. Je nachdem, wie du den Drehknopf einstellst, erhält die Lok viel oder wenig Strom und fährt dann schnell oder langsam.

Zwei verschiedene Sprachen — die beiden Stromsysteme

Im Bereich der Modellbahn gibt es im Wesentlichen zwei Stromsysteme, nämlich den Gleichstrom und den Wechselstrom. Das kannst du dir wie zwei verschiedene Sprachen vorstellen. Jemand, der englisch spricht, wird von jemandem, der deutsch spricht, nicht verstanden.

Und genauso ist es auch bei den Modellbahnen. Eine Lokomotive, die mit Gleichstrom fährt, funktioniert auf Wechselstromgleisen nicht. Und eine Lokomotive, die mit Wechselstrom fährt, funktioniert auf Gleichstromgleisen nicht.

Es gibt diese beiden Stromarten bei Modellbahnen schon seit langer Zeit. Sie haben sich durchgesetzt, weil sie am besten für die Steuerung von Modellbahnen geeignet sind.

Wie funktioniert eine Modellbahn-Lokomotive?

In der Lok sitzt wie beim Auto ein Motor. Und so ein Motor braucht eine Energiequelle. Bei der elektrischen Eisenbahn ist es der Strom. Und dieser Strom kommt aus der Schiene.

Nun schau dir mal ein Gleisstück des Gleichstromsystems an. Zwischen den beiden gegeneinander isolierten Schienen liegt die vom Trafo abgegebene Spannung. Eine Schiene ist der Plus-, die andere der Minuspol, wie du es auch von der Batterie kennst.

Das kannst du dir wie eine Wassermühle vorstellen. Eine solche Mühle wurde immer an einem Wasserlauf gebaut. Wie du weißt, fließt Wasser sobald ein Gefälle vorliegt. Die Quelle eines Flusses liegt deshalb immer höher als seine Mündung. Das Wasser fließt nun über das Mühlrad und setzt es in Bewegung. Und was passiert dann mit dem Wasser? Es fließt über die Mühlräder wieder in den Fluss zurück.

Setzt du nun eine Lokomotive auf dein Gleis, ist der eingebaute Motor quasi dein Mühlrad und der Strom entspricht dem Fluss, der die Mühle antreibt. Das geht aber nur, wenn zwischen den beiden Schienen eine Spannung anliegt. Für die Spannung, die dem Gefälle des Flusses entspricht, sorgt der Transformator. Wenn du den Regler aufdrehst, steigt die Spannung und deine Lok wird schneller. Beim Fluss hieße das, dass das Gefälle steiler wird, der Fluss schneller fließt und das Mühlrad sich schneller dreht. Der Strom für den Motor muss also über die Schienen zu- und wieder abgeführt wer-

Das Märklin-C-Gleis hat den Vorzug, dass die einzelnen Gleise wirklich sehr einfach zusammengesteckt werden zu können. Das Kindertestteam kam mit ihm am besten zurecht.
Foto: Märklin

den. Die Lokomotive besitzt Radsätze aus Metall. Von den Radsätzen einer Lokseite fließt der Strom über Radschleifer zum Motor. Wenn Strom fließt, kann der Motor Arbeit verrichten und sich drehen.
Nun schau dir mal ein Gleisstück des Wechselstromsystems an. Du siehst zwei Schienen und in der Mitte der Schwellen ist eine Reihe von Punktkontakten (Puko) zu sehen. Die Lokomotive nimmt den Strom mit einem Schleifer aus Metall an ihrer Unterseite auf. Wenn die Lok fährt, gleitet dieser Schleifer über die Pukos und nimmt dabei Strom auf. Er fließt dann durch den Motor und treibt ihn an. Wenn das alles so ist, sähe es doch eigentlich bis auf die Pukos genauso aus wie bei den Gleichstromloks? Das stimmt aber nicht ganz. Beim Wechselstrom ändern sich ständig der Plus- und der Minuspol. Wenn du deinen Wechselstromtrafo in eure Steckdose daheim steckst, dann ändern sich Plus- und Minuspol 50-mal in der Sekunde! Du denkst sicher, dass deine Lok gar nicht fahren dürfte, wenn der Strom sie mal in die eine andere und gleich wieder in die andere Richtung schickt. Aber die Erfinder des Wechselstrommotors haben eine ganz geschickte Schaltung gefunden, bei der der Motor den Strom so aufnimmt, dass er sich immer in die von dir gewünschte Richtung dreht.

Was passt zusammen?

Der Hauptvertreter des Wechselstromsystems ist Märklin. Die anderen Modellbahnhersteller bauen ihre Erzeugnisse für das Gleichstromsystem, einige Firmen bieten aber auch ein paar ihrer Modelle für das Märklinsystem an. Wenn du Waggons des Wechselstromsystems auf einer Gleichstromanlage einsetzen willst, musst du die Räder tauschen lassen. Ansonsten gibt es einen Kurzschluss und die Anlage funktioniert nicht mehr. Wie du oben erfahren hast, wird beim Gleichstromsystem über eine der beiden Schienen der Strom zugeführt. Über die andere Schiene wird er abgeführt. Die Fahrzeuge auf Gleichstromanlagen besitzen daher isolierte Radsätze. Das heißt, dass ein Rad keinen Kontakt zum anderen besitzen darf, damit kein Strom vom einen Rad zum anderen fließt. Denn man muss ja verhindern, dass die beiden Schienen Kontakt miteinander bekommen. Wenn die linke und die rechte Schiene einen Kontakt haben, nennt man das einen Kurzschluss. Dann

funktioniert nichts mehr, denn der Transformator stellt den Stromfluss ab, bis der Kurzschluss beseitigt ist.
Beim Wechselstromsystem sind die Räder der Waggons aber nicht isoliert. Beim Kauf eines solchen Wechselstromwaggons erledigt der Modellbahnhändler den Radsatztausch kostenlos für dich.
Möchtest du einen Gleichstromwagen auf einer Wechselstromanlage einsetzen, ist das zunächst einmal möglich. Wie schon berichtet, besitzen die beiden Schienen im Wechselstromsystem die gleiche Polung, wie man sagt. Sie sprechen sozusagen dieselbe Sprache. Es wird also keinen Kurzschluss geben. Allerdings kann ein solcher Waggon auf den Weichen des alten Märklin-Blechgleises entgleisen. Das liegt daran, dass die Gleichstromräder nicht ganz genau zu den – heute nicht mehr hergestellten, aber noch erhältlichen – alten Wechselstromschienen, M-Gleis genannt, passen. Beim modernen C-Gleis entgleisen die Gleichstromräder nicht mehr. Wenn du einen Gleichstromwaggon für deine Wechselstromanlage kaufst, tauscht dir der Fachhändler die Radsätze kostenlos um. Du musst ihn allerdings darauf hinweisen.

Kupplungen

Um die Roco-Kurzkupplung zu lösen, müssen die beiden Bügel nach oben gedrückt werden, wie es das Roco-Entkupplungsgleis macht.

Wenn man einen Wagen an einen anderen oder die Lok hängt, dann nennen das die Eisenbahner kuppeln. Das geschieht mit Hilfe einer Kupplung. Bei der Modellbahn ist das ebenso, doch die verschiedenen Kupplungen stellen ein kleines Problem dar. Darunter gibt es sogar spezielle Kurzkupplungen, die eine ganz enge Verbindung der Wagen untereinander gestattet. Das sieht dann aus wie beim großen Vorbild. Märklin-Waggons haben eine Kupplung, die mit Roco- und Piko-Fahrzeugen kuppelt. Fleischmann-Waggons haben eine besondere Kupplung, die mit Fahrzeugen anderer Firmen überhaupt nicht kuppelt. Es ist aber möglich, diese gegen eine Kupplung auszutauschen, die mit den Fahrzeugen von Märklin, Roco und Piko kuppelt. Das ist heute wesentlich einfacher möglich als noch vor einigen Jahren. Denn fast alle Fahrzeuge besitzen heute so etwas ähnliches wie eine Öse, die an allen Loks und

Fleischmanns Kurzkupplung gestattet eine enge Verbindung zwischen den Wagen. Um sie zu entkuppeln, müssen die zwischen den Kupplungen gut sichtbaren Stifte nach oben gedrückt werden. Das macht beispielsweise das Fleischmann-Entkupplungsgleis.

Die Märklin-Kurzkupplung verbindet hier einen Kesselwagen mit einem Containertransportwaggon Puffer an Puffer.

Waggons gleich ist. Die Modellbahner nennen dies genormte Kupplungsaufnahme. Dort kannst du die Kupplung deiner Wahl einstecken. Du musst dich also für eine Kupplungsart entscheiden, wenn du alle Waggons miteinander freizügig kuppeln willst. Wenn du das berücksichtigst, steht dem gemeinsamen Betrieb von Waggons unterschiedlicher Hersteller nichts mehr im Wege. Fein raus sind die Freunde einer TT-Bahn. Hier bauen alle Hersteller die gleiche genormte Kupplung ein. Wer also Modelle für die TT-Bahn anbietet, muss die vorgeschriebene Kupplung verwenden. Wenn du dich also für eine Modellbahn der Baugröße TT im Maßstab 1 zu 120 entschieden hast, braucht dich das Kupplungsproblem nicht zu kümmern. Da eine TT-Bahn nur mit Gleichstrom funktioniert, sind alle Fahrzeuge nach dem Gleichstromsystem gebaut. Sie funktionieren daher alle uneingeschränkt auf deiner TT-Anlage.

Auch mit einfachen Bügelkupplungen – hier die Produkte von Trix – kann man bestens fahren und rangieren. Sie haben den Vorteil, dass fast alle Hersteller irgendeine Art von Bügelkupplung verwenden. Damit ist eine freizügige Kombination des Fahrzeugmaterials mit diesen Kupplungen möglich.

Die TT-Fahrzeuge von Tillig wie diese Anfangsgarnitur besitzen die TT-Klauenkupplung.
Foto: Tillig

Was heißt denn digital?

Wenn du am Transformator drehst, reagieren alle Triebfahrzeuge deiner Anlage gleich. Sie fahren schnell oder langsam. Sie wechseln gleichzeitig die Richtung und bleiben zur selben Zeit stehen. Wenn du nur eine Lok hast, spielt das keine Rolle. Schwierig wird es, wenn du zwei oder mehr Loks besitzt. Um sie freizügig und unabhängig voneinander steuern zu können, musst du zu Tricks greifen.

Benedikt lobte den großen Drehknopf der Maus. Für ihn war die Farbe des Bedienelements weniger wichtig, doch dafür schätzte er dessen Handlichkeit. ***Foto: Thomas Drexel***

Du kannst deine Anlage in zwei oder mehr Stromkreise aufteilen. Dazu suchst du dir einen Bereich deiner Anlage aus und trennst ihn elektrisch vom Rest. Das machst du mit kleinen Isolierschuhen. Im Gleichstromsystem steckst du auf die beiden Schienenenden eines Gleises je einen solchen Isolierschuh. Beim Wechselstromsystem gibt es ebenfalls spezielle Isolierschuhe, die du auf die Kontakte des Gleises steckst. Auf diese Weise erzeugst du einen eigenen

Johanna zeigt, dass die Bedienung der Lokmaus kinderleicht ist. Das Schöne an diesem Bedienungselement ist zudem, dass man nicht fest an einem Ort sitzen muss, sondern soweit es die Kabellänge gestattet, seinem Zug folgen kann.

Hier ist die Steckschnittstelle zu sehen, in der jetzt noch ein kleiner schwarzer Stecker platziert ist. Sollte einmal eine Reparatur an der Lok notwendig sein, muss ein eventuell eingebauter Decoder wieder ausgebaut und der Stecker wieder eingesteckt werden. Dann kann die Lok zum Hersteller versandt werden, der die Lok nur im Originalzustand repariert.

Hier wurde ein Digitaldecoder in die vorgesehene Steckschnittstelle eingesteckt. Der Decoder darf keine Metallteile berühren, sonst ist er zerstört. Am besten ist seine Umgebung – niemals der Decoder selbst!!! – mit Isolierband abzukleben. Damit ist das Fahrzeug »digitalisiert« und kann im Mehrzugbetrieb eingesetzt werden.

Stromkreis. Jeder dieser Stromkreise bekommt dann einen Transformator. Damit kannst du jedes Triebfahrzeug in seinem Stromkreis unabhängig voneinander steuern.

Schwierig wird es dann aber, wenn du mit einem Triebfahrzeug in einen anderen Stromkreis wechseln willst. Da kann es zum Kurzschluss kommen und die Lok bleibt stehen. So richtig freizügig ist dieses Fahren also nicht.

Seit einigen Jahren gibt es digitale Modellbahnen. Sie ermöglichen das absolut freie Fahren. Dann können gleich mehrere Lokomotiven in einem Stromkreis unabhängig voneinander bewegt werden.

Wie funktioniert das? Auf der Modellbahn braucht eine Lokomotive Strom, damit ihr Motor arbeitet. Wenn du mit einem normalen Trafo Strom fließen lässt, fahren alle Loks gleichzeitig los. Im digitalen System ist das etwas anders: Wie beim Computer gibt es eine Zentrale. Wenn du eine Lok digital fahren lassen willst, schickt diese Zentrale einen Fahrbefehl aus. Diesen Fahrbefehl kannst du dir wie eine eigene Sprache vorstellen. Alle anderen Lokomotiven verstehen die Sprache nicht und reagieren daher auch nicht. Die Zentrale ist aber sehr gescheit. Sie kann mehrere Sprachen gleichzeitig. Mit anderen Worten: Sie spricht alle Sprachen. So können alle Loks auf einer Anlage auch angesprochen werden. Aber es reagiert immer nur die, mit der die Zentrale gerade sprechen will. Hierfür besitzen digitale Loks einen kleinen Baustein, der Decoder genannt wird. Er lauscht sozusagen ständig ins Gleis hinein, ob ihm da gerade eine Nachricht von der Zentrale zukommt. Er versteht nur eine Sprache. Und wenn die Zentrale in genau dieser einen Sprache zu ihm etwas sagt, reagiert er. Sagt die Zentrale zu einem bestimmten Decoder »fahr los«, dann fährt auch nur die Lok los, die diesen Decoder besitzt. Das ist eigentlich schon alles.

Mittlerweile ist diese Technik gar nicht mehr so teuer wie noch vor ein paar Jahren. Aber billig ist sie sicher nicht. Gegenwärtig gibt es drei Digitalsysteme. Nach dem Motorola-

System funktionieren die Digitalloks von Märklin. Weit verbreitet ist das DCC-System. Das dritte im Bunde ist das Selectrix-System. Du musst dich für eines dieser Systeme entscheiden, denn man kann sie nicht miteinander kombinieren. Wenn du eine digitale Startpackung bekommst, ist die Entscheidung bereits gefallen. Bei weiteren Lokomotiven musst du jetzt nur noch darauf achten, dass sie zum ausgewählten Digitalsystem passen.

Du kannst deine Loks auch später noch mit Digital-Bausteinen ausrüsten. Manche Gleichstrom-Loks haben einen speziellen Platz für den Einbau eines solchen Decoders, die so genannte Schnittstelle. Aber auch, wenn sie keinen Steckplatz haben, kannst du sie später mit einem solchen Baustein ausrüsten. Das ist allerdings schwierig und muss von einem Fachmann gemacht werden.

Am besten ist es, wenn du mit einer digitalen Startpackung anfängst. Denn da ist alles drin, was du für den Anfang brauchst. Übrigens sind alle Märklinloks (auch die, die nicht aus einer Startpackung stammen) bereits mit einem solchen Baustein ausgerüstet. Du brauchst dann später nur noch ein Fahrgerät und der digitale Fahrspaß kann schon beginnen.

Kontaktsicherheit

Eine Modelleisenbahn funktioniert nur bei gutem Stromfluss. Das heißt, dass die Schienen und die Räder der Lokomotiven sauber sein müssen. Denn nach längerer Zeit verschmutzen nicht nur die Räder, sondern auch die Gleise. Ein Film aus Staub, Öl und Gummiabrieb durch die Haftreifen setzen sich an Schienenoberkanten und Räder fest. Haftreifen werden übrigens verwendet, um die Reibung zwischen Rad und Schiene zu erhöhen. Damit können die Loks mehr Waggons ziehen, ohne mit den Rädern durchzudrehen.

Zum Putzen gibt es verschiedene Möglichkeiten. Zum Beispiel einen Gummischleifklotz, mit dem du die Schienen und Räder blank polieren kannst. Gleich mehrere Hersteller bieten einen solchen Klotz an. Nicht vergessen solltest du auch die Räder der Waggons, denn die setzen auch ganz schön Dreck an. Regelmäßig solltest du deine Gleise mit dem Staubsauger absaugen. Denn der Staub kann mit der Zeit ebenfalls einen sicheren Kontakt verhindern. Damit keine Kleinteile wie Figuren oder Bäumchen im Staubsauger verschwinden, kannst du einen alten Socken (bitte ohne Löcher!) über das Saugrohr stülpen. Der Staub wird durch den Socken hindurchgesaugt, aber größere Teile wie Figuren bleiben an ihm hängen.

Mit dem Schleifklotz kannst du ganz einfach deine Gleise sauber halten. Du schiebst ihn über die Gleisoberfläche und schon ist aller Schmutz beseitigt. Es gibt ihn im Modellbahnfachhandel.

Kapitel 4

Was gibt's von wem? Eine kleine Marktübersicht

Für Kinder stellt eine Eisenbahn vor allem ein Transportmittel dar. Wichtig ist in diesem Zusammenhang, ob sie die Wagen mit ihren Bauklötzen, Legosteinen oder anderen Dingen beladen können oder nicht. Kinder freuen sich auch über Funktionen an den Fahrzeugen wie bewegliche Türen und Fenster. In solche Waggons kann man etwas verstauen, die Türen dann schließen und der Inhalt ist – geheim, geheim – den Augen anderer verborgen. Das ist für Kinder sehr wichtig, wie ich in vielen Gesprächen erfahren habe.

Dominik belädt die Waggons mit Gummibären, offenbar ein sehr beliebtes Ladegut. Daher sind offene Wagen für Kinder die wichtigste Wagengattung.
Foto: Thomas Drexel

Fleischmann

Die Firma Fleischmann hat ihren Sitz in der alten Spielzeugstadt Nürnberg in Franken. Fleischmann ist ein Vertreter des Gleichstromsystems. Die Firma stellt einige ausgewählte Fahrzeuge auch für das Wechselstromsystem her. Fleischmann bietet ein komplettes HO-Sortiment an Gleisen, Fahrzeugen und Zubehör an. Darunter ist auch ein komplettes Digitalsystem mit allem, was du dazu brauchst. Es entspricht der international genormten DCC-Digital-Sprache.

Für dich sind folgende Dinge interessant: Das Gleissystem mit dem Namen »Profi« eignet sich prima für den Aufbau auf dem Teppich. Denn es besitzt eine Bettung, so dass keine Fussel vom Teppich deine Loks und Waggons verschmutzen können. Die Fleischmann-Loks haben gekapselte Getriebe, Teppichfusseln können daher nicht eindringen. Aber aufpassen solltest du trotzdem, denn Staub und Schmutz sind der Feind deiner Modellbahn.

Das Gleis sieht aus wie in echt. Mit etwas Farbe kannst du es noch besser aussehen lassen. Wie das geht, steht in Kapitel 7. Das Profi-Gleissystem besitzt eine Vielzahl von Gleisen. Damit kann man unzählige Gleisfiguren aufbauen.

In dieser digitalen Anfangspackung ist alles, was man für den kindgerechten Start ins Modellbahnerglück braucht. Die Bedienung des beiliegenden »Lok-Boss«-Geräts ist so einfach wie das Fahren mit der Lokmaus. Die Lok kann auch in anderen DCC-Umgebungen fahren. Da das Steuergerät »Lok Boss« das DCC-Format benutzt, ist es auch mit anderen DCC-nutzenden Modellbahnen kombinierbar. ***Foto: Fleischmann***

Die Weichen kannst du per Hand stellen. Fleischmann bietet viele verschiedene Weichenformen an. Wenn du möchtest, kannst du die Weichen mit elektrischen Antrieben ausstatten. Diese werden einfach seitlich angeklipst. Es gibt sogar beleuchtbare Weichenlaternen dazu. Natürlich gibt es auch funktionierende Entkupplungsgleise. Diese sind vor allem für die Fleischmann-Kupplung gedacht. Bügelkupplungen von anderen Herstellern trennt sie aber auch.

In der digitalen Startpackung von Fleischmann befindet sich der abgebildete Güterzug. Darüber hinaus liegt das neu entwickelte digitale Steuergerät »Lok Boss« darin, mit dem bis zu vier digitale DCC-Lokomotiven gesteuert werden können. Der »Lok Boss« arbeitet im DCC-Format. ***Foto: Fleischmann***

Mit dem Kranwagen können allerlei Güter umgeladen werden, denn er ist funktionsfähig. *Foto: Fleischmann*

Wenn du vor allem kurze Fahrzeuge besitzt, die nicht länger als 20 Zentimeter sind, kannst du auch die Hand-Drehscheibe einsetzen. Diese kannst du per Hand drehen. Beim Vorbild wurden mit solchen Drehscheiben Lokomotiven gedreht. Denn die alten Schlepptender-Dampflokomotiven (das sind Dampfloks mit angehängtem Kohle- und Wasservorrat) durften rückwärts nicht so schnell fahren wie vorwärts. Nachdem solch eine Lok im Bahnhof angekommen war, wurde sie für die Heimfahrt gedreht. Dann konnte sie wieder schnell fahren.

Fleischmann hat mehrere Startpackungen im Angebot, darunter auch eine mit dem ICE. Jedes Jahr gibt es außerdem eine »Anfangspackung des Jahres«. Der Aufbau einer Gleisanlage mit Überholgleis ist damit möglich. Zudem liegen Autos und ein Bahnübergang bei. Die Lokomotive kannst du später ohne Probleme mit einem Digitalbaustein ausrüsten. Denn sie besitzt eine Schnittstelle.

Natürlich kann man auch gleich mit einer digitalen Startpackung beginnen. Zurzeit bietet Fleischmann zwei davon für Kinder an. In der einen sind eine kleine Dampflok und zwei Güterwagen. Mit dem Gleismaterial kannst du ein Oval aufbauen. In der anderen befinden sich eine große Diesellok und drei Güterwagen. Mit den Gleisen dieser Packung lässt sich sogar ein Oval mit Überholgleis bauen. An den Lokomotiven kannst du das Licht ein- und ausschalten.

An preisgünstigen Lokomotiven ist eine dreiachsige Tenderlokomotive im Angebot. Sie heißt so, weil sie ihren Kohlen- und Wasservorrat nicht in einem extra Anhänger hinter sich herzieht. Ihre Vorräte sind fest angebaut. Darüber hinaus gibt es noch eine zweiachsige Diesellok. Sie ist in Rot oder in Grün lackiert.

Fleischmann bietet eine Menge Waggons unter der Bezeichnung »Junior-Serie« an. Im Katalog, der allen Anfangspackungen beiliegt, den du aber auch beim Fachhändler bekommst, sind diese Waggons abgebildet und beschrieben.

Die interessantesten Wagen sind hier abgebildet. Es gibt insgesamt fünf Personenwagen. An allen kannst du das Dach abnehmen und Figuren hineinsetzen. Die Fahrzeuge besitzen die Fleischmann-Kurzkupplung. Es gibt aber spezielle Tauschkupplungen. Damit kannst du diese Waggons mit anderen Fahrzeugen, die eine Bügelkupplung haben, kuppeln.

Auch bei den vielen Güterwagen sind einige empfehlenswerte Waggons dabei. Zum Beispiel der offene Güterwagen, auf den ein Auto passt. In den Hochbord-Waggon kannst du alles Mögliche einladen, etwa Smarties oder Gummibären. Er ist beim Vorbild vor allem für Güter wie Rüben, Kartoffeln oder Kohlen gedacht. Im Rungenwagen transportiert die große Eisenbahn auch Fahrzeuge oder Holz. Im Kapitel 7 erfährst du wie man sich ganz einfach Ladegüter basteln kann. Ganz langes Holz kannst du auf den Drehschemelwagen verladen. Mit dem Kranwagen, der richtig funktioniert, kannst du Ladevorgänge nachspielen. In den gedeckten Güterwagen transportiert die Eisenbahn witterungsempfindliche Waren, die nicht nass werden dürfen. Auch Stückgut wird so versendet. Das sind Kisten und Kästen, Paletten und Fässer. Aber natürlich kann man auch Gummibären und sonstiges verladen. Da die Dächer abnehmbar sind, ist das Beladen ganz leicht.

Ein Kleinviehwagen sieht aus wie ein gedeckter Güterwagen. Wenn du genau hinschaust, siehst du, dass die Wände Fugen haben. Das ist wichtig, damit die Tiere nicht ersticken. Darin kannst du deine Spielzeugtiere transportieren. In Kesselwagen reisen vor allem Treibstoffe wie Benzin oder Schmierstoffe wie Öl. Mit dem roten Kipplorenwaggon kannst du Schüttbares verladen. Zum Beispiel Sand oder kleine Steinchen. Das macht das Vorbild nämlich auch. Es gibt dazu eine spezielle Entlade-Station. Damit kannst du die Waggons automatisch entladen. Du fährst die Wagen einfach über die Entlade-Stelle und die Waggons kippen von allein ihren Inhalt aus.

Eine Besonderheit hat Fleischmann ebenfalls im Angebot. Nämlich ein Zahnstangengleis. Die große Eisenbahn überwindet mit Zahnstangen besonders steile Strecken. Auf der Modellbahn kannst du das auch

Beim Viehwagen ist das Dach abnehmbar. Wie alle Wagen von Fleischmann aus der Junior-Serie kann er später mit Metallradsätzen ausgerüstet werden. Es gibt auch Bügelkupplungen für ihn. ***Foto: Fleischmann***

Mit dem Kranwagen können allerlei Güter umgeladen werden, denn er ist funktionsfähig.
Foto: Fleischmann

machen. Das ist allerdings eher etwas für Erwachsene. Denn du musst die Zahnstange auf die Gleise kleben. Aber vielleicht können dir deine Eltern dabei helfen. Mit den beiden angebotenen Zahnradloks kannst du dann steile Stecken befahren.

Auf www.fleischmann.de findest du viel Interessantes zu den Fahrzeugen und dem Zubehör.

Märklin

Die Firma Märklin ist das älteste Unternehmen bei den Modellbahnherstellern. Und das größte. Märklin besteht seit 1859 und hat seinen Sitz in Göppingen in Baden-Württemberg und ist ein Vertreter des Wechselstromsystems. Einige Fahrzeuge des Wechselstromsortiments finden sich in Gleichstromausführung im Sortiment von Trix. Auch Märklin bietet ein komplettes H0-Sortiment an Gleisen, Fahrzeugen und Zubehör an. Darunter ist auch ein komplettes Digitalsystem. Märklin bietet dazu auch die notwendigen Geräte und Bausteine an. Die Firma vertritt die Motorola-Digital-Sprache.

Was interessiert dich als Modelleisenbahner? Seit einigen Jahren bietet Märklin ein Bettungsgleis an. Das ist das so genannte C-Gleis. Es ist zum Spielen auf dem Teppich sehr gut geeignet. Aufgrund der Bettung können Härchen und Krümel deine Lokomotiven und Waggons nicht verschmutzen. Die Märklin-Loks haben gekapselte Getriebe, sodass keine Teppichflusen eindringen können. Dennoch solltest du auf saubere Schienen achten. Durch seine Schotterkörnung sieht das C-Gleis fast wie in echt aus. Natürlich kannst du auch dieses Gleis mit Farbe verschönern.

Ein großer Vorteil des C-Gleises ist, dass es sich leicht zusammenstecken lässt. Auch dieses Gleissystem besitzt eine Vielzahl von verschiedenen Gleisstücken. Damit sind die spannendsten Gleisfiguren aufzubauen wie zum Beispiel Kehrschleifen.

Auch die Weichen des C-Gleises lassen sich per Hand stellen. Es gibt verschiedene Weichenformen, mit denen du ausgeklügelte Gleisstrecken schaffen kannst. Da Märklin auch Elektroantriebe anbietet, kannst du die Weichen sogar fernbedienen. Anders als bei Fleischmann verschwinden die Antriebe unter der Bettung und sind dann nicht mehr zu sehen. Natürlich kann man die Weichen auch mit Laternen beleuchten. Richtig funktionierende Entkupplungsgleise gibt es auch. Mit diesen Entkupplern kannst du alle mögliche Kupplungen trennen.

In seinem so genannten Hobby-Sortiment bietet Märklin zahlreiche preisgünstigere Fahrzeuge an. Darunter sind auch solche Waggontypen, wie sie auch Fleischmann her-

Die modernen Fahrzeuge der Bahn hat Märklin im Angebot. Darunter ist auch dieser Güterzug mit einer starken Elektrolokomotive und diversen Güterwaggons, die teilweise Ladegut und zu öffnende Türen besitzen. Die Lok besitzt einen Digitaldecoder und ist daher im Motorolasystem mehrzugfähig. ***Foto: Märklin***

stellt. Den Anfangspackungen liegt ein dicker Katalog bei, den es auch beim Fachhändler gibt.

Märklin hat viele interessante Startpackungen im Angebot. Darunter auch eine mit dem schnellen ICE. Alle Lokomotiven darin sind bereits ab Werk mit einem digitalen Baustein ausgerüstet. In den empfohlenen Startsets befindet sich alles, was du zum digitalen Fahren benötigst.

Darüber hinaus bietet Märklin noch ein komplettes Sortiment an Fahrzeugen, Gleisen und Zubehör in der Baugröße I an. Das ist der Maßstab 1 zu 32. Die Fahrzeuge sind aus Metall und damit sehr robust. Auf dem Tisch kann man gerade noch ein Oval unterbringen.

Von Märklin stammt eine komplette, für Kinder geeignete Modelleisenbahn im Maßstab 1 : 32. Die Fahrzeuge sind robust und schwer, benötigen jedoch einiges an Platz. ***Foto: Märklin***

Wenn du dich über die Firma informieren willst, schau dir einfach www.maerklin.de an.

Piko

Die Firma Piko hat ihren Sitz in Sonneberg in Thüringen. Sie ist ein Vertreter des Gleichstromsystems. Piko bietet aber viele seiner Lokomotiven, deren Getriebe verschmutzungssicher sind, auch für das Wechselstromsystem an. Auch dieses Unternehmen stellt ein komplettes Sortiment an Gleisen, Fahrzeugen und Zubehör her. Seit kurzem gibt es ein preisgünstiges Gleissystem mit vielen Elementen. Es besitzt allerdings keine Bettung. Beim Spielen auf dem Teppich musst du daher aufpassen, damit deine Loks keine Fusseln in die Räder kriegen. Wenn du deine Eisenbahn aber ohnehin auf dem Tisch aufbauen willst, spielt das natürlich keine Rolle.

Piko hat ein großes Sortiment an günstigen modernen Triebfahrzeugen. Darunter sind Diesel- und Elektrolokomotiven. Piko bietet mit dem »Taurus« sogar das Modell einer der

Natürlich bietet Piko auch verschiedene Diesellokomotiven an. Eine digitale Steckschnittstelle ist bei den Fahrzeugen selbstverständlich. ***Foto: Piko***

Das Modell einer der modernsten E-Loks der DB AG ist die Baureihe 182, die Piko als preisgünstiges Modell im Angebot hat. Das Vorbild trägt den klangvollen Beinamen »Taurus«. *Foto: Piko*

modernsten Elektrolokomotiven der Welt an. Diese Lokmodelle von Piko besitzen alle eine Schnittstelle. Das heißt, du kannst einen Digitalbaustein einfach einstecken.

Darüber hinaus bietet Piko eine Serie von einfach zu bauenden, preisgünstigen Kunststoff-Modellhäuschen an.

Piko hat auch verschiedene Anfangspackungen im Sortiment. Wenn du dich über den aktuellen Stand informieren willst, kannst du die Homepage besuchen: www.piko.de.

Von Piko gibt es eine große Auswahl an verschiedenen, preisgünstigen Kunststoffmodellhäusern. Sie setzen allerdings etwas Erfahrung im Plastikmodellbau voraus und sind – nicht zuletzt durch den notwendigen Einsatz von lösungsmittelhaltigen Klebestoffen – daher für Kinder nur bedingt zu empfehlen. *Foto: Piko*

Roco

Die Firma Roco hat ihren Sitz im österreichischen Salzburg. Roco ist ein Vertreter des Gleichstromsystems. Aus Salzburg kommen aber auch Wechselstromlokomotiven. Die Roco-Loks haben geschützte Getriebe, Schmutz hat so keine Chance, das Innenleben der Loks zu beschädigen. Das Unternehmen bietet ein komplettes H0-Sortiment an Gleisen, Fahrzeugen und Zubehör an. Roco stellt auch ein komplettes Digitalsystem nach der international genormten DCC-Digital-Sprache her.

Eine der digitalen Anfangspackungen von Roco enthält eine verkehrsrote Diesellok und zwei Güterwagen nebst allem notwendigen Gleis- und digitalen Steuerungsmaterial. ***Foto: Roco***

Für dich als Modelleisenbahnfan sind folgende Dinge interessant: Mit dem Gleissystem Roco-Line bietet die Firma ein Gleis für den Bau auf dem Teppich an. Durch seine Kunststoff-Bettung hält es Abstand zu den Teppichfusselchen. Deine Loks und Waggons können so nicht verschmutzen. Durch seine Schotternachbildung sieht es echt aus. Wenn du es mit Farbe noch verschönern willst, so ist das kein Problem. Das kannst du in Kapitel 7 nachlesen. Das Roco-Line-Gleissystem gestattet mit seinen zahlreichen Gleisen den Aufbau von vielen verschiedenen Gleisfiguren.

Alle Weichen kannst du per Hand stellen. Dafür ist an jeder Weiche ein kleiner Stellhebel. Der ist vielleicht etwas zu klein geraten. Es gibt viele verschiedene Weichenformen. Natürlich lassen sich die Weichen mit elektrischen Antrieben ausstatten. Diese werden unter der Bettung einfach eingeklipst. Auch Roco bietet beleuchtbare Weichenlaternen für das Gleis ohne Bettung an. Diese sind aber eher etwas für Erwachsene. Denn sie sind schwierig zusammenzubauen. Darüber hinaus gibt es funktionierende Entkupplungsgleise. Sie trennen Bügelkupplungen. Aber auch die Roco-Kurzkupplung und die Fleischmann-Kurzkupplung.

Mit der Diesellok aus der Anfangspackung sind auch anspruchsvollere Modellbahner zufrieden, denn sie macht in einer gekonnt gestalteten Szenerie eine gute Figur. ***Foto: Roco***

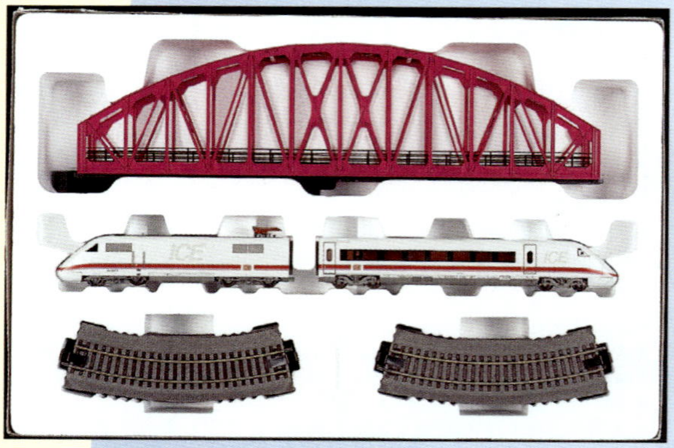

Die große violette Brücke war beim Testteam recht beliebt. Dazu ist sie erstaunlich robust, wie diverse folgenlose Stolperer der Kinder bewiesen. In der Anfangspackung liegen zudem ein dreiteiliger ICE und Gleise für ein Gleisoval. *Foto: Roco*

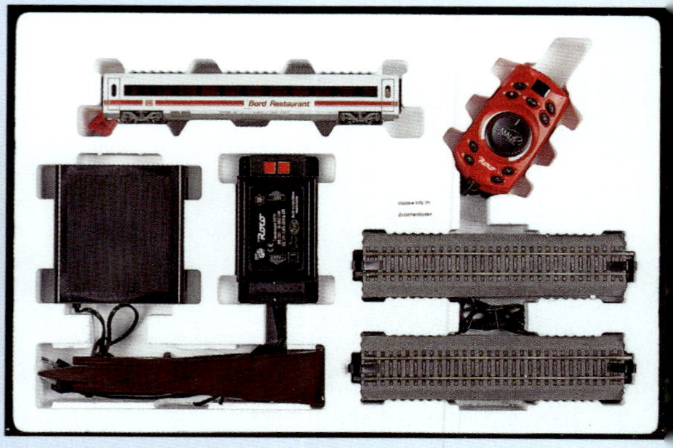

Die digitale Anfangspackung von Roco enthält auch einen Digitalverstärker, einen Transformator und eine rote Lokmaus. *Foto: Roco*

Seit dem Jahr 2003 bietet Roco seine preisgünstigen Anfangspackungen, Lokomotiven und Waggons unter dem Namen »Playtime« an. Im Katalog findest du diese auf den orangefarben markierten Seiten.
In der ICE-Startpackung findest du ein Gleisoval. Mit den beiliegenden Geräten kannst du eine digitale Anlage aufbauen. Zudem gibt es eine Güterzugpackung mit einer großen Diesellok und Güterwagen. Auch dieses Set ist komplett mit allen notwendigen Digitalgeräten ausgestattet. Eine dritte Packung mit einer Dampflok, Personen- und Güterwagen rundet das Startpackungsangebot ab.

Gleich mehrere verschiedene Diesellokomotiven hat Roco im Angebot. Viele verschiedene Güterwagen laden zum spannenden Beladungsspiel ein. An den gedeckten Güterwagen kannst du das Dach abnehmen. Besonders beliebt bei Kindern ist der Klappdeckelwagen. Denn da kann man wie in Geheimfächern verschieden kleine Gegenstände verstecken. Mit dem Kranwagen kannst du Waggons richtig be- und entladen.
Unter www.roco.cc kannst du noch mehr über das österreichische Unternehmen und seine zahlreichen Modellbahn-Produkte erfahren.

Tillig

Tillig ist ein Vertreter der Baugröße TT. Das ist der Maßstab 1 zu 120. Die Firma hat ihren Sitz in Sebnitz in Sachsen. Tillig baut ein komplettes TT-Sortiment an Fahrzeugen, Gleisen und Zubehör. Natürlich bietet auch Tillig ein Digitalsystem an. Es entspricht der international genormten DCC-Digital-Sprache.
Mit dem Bettungsgleissystem ist ein verschmutzungsfreier Aufbau auf dem Teppich möglich. Denn es besitzt eine Bettung, sodass Fusselchen deine Loks und Waggons nicht verschmutzen können. Die Getriebe der Tillig-Lokomotiven sind vor Schmutz geschützt, doch auch hier solltest du auf saubere Gleise achten.
Das Gleissystem entspricht nahezu dem Vorbild. Etwas Farbe kann aber natürlich nicht schaden. Das Gleissystem von Tillig gestattet den Aufbau von zahlreichen verschiedenen Gleisfiguren.
Wie bei den anderen Bettungs-Gleissystemen kannst du die Weichen per Hand stellen oder mit elektrischen Antrieben ausrüsten. Der Antrieb verschwindet dabei unsichtbar unter der Bettung. Da das Gleissystem noch ganz neu ist, gibt es derzeit noch keine Entkupplungsgleise. Diese werden aber bestimmt in Zukunft angeboten werden.

Das Gleissystem von Tillig kann bedenkenlos auf dem Teppich verwendet werden. Der Aufbau einer Gleisstrecke ist jedoch nicht ganz einfach und erfordert zumindest anfänglich Hilfe von Erwachsenen.
Foto: Tillig

Tillig stellt einige sehr interessante Start-Modelle her. Das Güterzugset mit einer großen Diesellok und drei Güterwagen gestattet den Aufbau eines Ovals. Das gleiche Set gibt es auch mit einer kleinen dreiachsigen Diesellok und drei Güterwagen. Bei den angebotenen Triebfahrzeugen kannst du unter drei Loks wählen. Eine vierachsige Dampflok, eine zweiachsige Diesellok und eine große vierachsige Diesellok stehen zur Auswahl. Dazu gibt es einen Personenzugwaggon und einen gelben Güterwagen mit der Aufschrift »Bananen«.
Unter www.tillig.de erfährst du mehr.

Als Anfangspackung bietet Tillig diesen Güterzug mit einer kleinen Industriediesellok und drei Güterwagen an.
Foto: Tillig

Sonstige

Du wirst dich vielleicht fragen, warum keine Modellbahnen der Baugröße N oder die Gartenbahn LGB in diesem Buch vorkommen. Ich habe auf diese Eisenbahnen hier verzichtet. Die Gleise und Fahrzeuge der Baugröße N sind meines Erachtens zu klein. Der Aufbau einer solchen Anlage zu schwierig, weil die Gleise nur schwer für Kinder zu montieren sind. Die noch kleinere Baugröße Z von Märklin ist nur etwas für Erwachsene. Denn die Fahrzeuge sind zu empfindlich. Der Betrieb setzt ganz saubere Schienen voraus.

Die Zielsetzung dieses Buchs war, eine kleine Tischbahn aufbauen zu können. Was mit Fahrzeugen der Baugröße HO noch geht, ist mit der Gartenbahn von LGB wegen ihrer Größe nicht möglich. Aber natürlich können die Basteltipps und die Gleispläne auch für die Gartenbahn verwendet werden.

Kapitel 5

Die Startpackung – der beste Weg zum großen Spaß

Für die meisten Modellbahner begann ihre lebenslange Begeisterung für die Modelleisenbahn mit einer Startpackung. Dieser Weg ist noch immer der empfehlenswerte Einstieg, denn in der Regel sind diese Sets preiswerter als der Einzelkauf des Inhalts. Das leuchtet auch ein: Die Hersteller möchten mit solchen Zusammenstellungen dem neuen Modellbahner den Einstieg in das Hobby erleichtern. Und natürlich möchte man sich auch zukünftige Kunden sichern.

Das Kreisen eines Zuges mit der typischen Geräuschkulisse sorgte bei den Kindern des Testteams für Vergnügen, wie es hier Valentin und Johanna demonstrieren.

Die Modellbahnhersteller, die kindgerechtes Material anbieten, verändern den Inhalt ihrer Startsets immer wieder. Dadurch hat jeder Einsteiger die Chance, mit preisgünstigen Startpackungen nach und nach einen stattlichen Fuhrpark zusammenzukaufen.

Wer mit dem Kauf einer Startpackung für den Nachwuchs liebäugelt, hat meist verschiedene Gründe. Hauptgrund ist meist der Wunsch des Kindes nach einer Eisenbahn. Darauf folgt als zweitwichtigster Grund die Meinung, dass die Modellbahn ein kreatives Spielzeug sei. Überraschend viele Eltern halten eine Modellbahn außerdem für ein friedfertiges Spielzeug, das ihre Kinder nicht aggressiv macht. Zudem, so versicherten mir einige Eltern im persönlichen Gespräch, sei die Modellbahn ein Systemspielzeug, das jederzeit ausgebaut werden könne. Damit hätten sie nie mehr Sorgen, was sie den Kleinen zum Geburtstag oder zu Weihnachten schenken könnten.

Die Yu-Gi-Oh-Kerle passten nicht in den ICE, wollten aber unbedingt per Zug reisen. Da gab es dann eben nur diese eine Lösung …

Welche Gründe gibt es noch, die Modelleisenbahn als Spielzeug zu empfehlen? Um diese Frage zu beantworten, muss man sich näher mit den verschiedenen Typen von Modellbahnern beschäftigen. Dabei lassen sich im Wesentlichen zwei Grundtypen unterscheiden: Der eine spielt mit seiner Eisenbahn, indem er Abläufe und Situationen des Vorbilds nachstellt. Und dem anderen reicht es bereits aus, ein Züglein gemütlich im Kreis herumfahren zu lassen. So mancher erinnert sich dabei vielleicht an frühere Erlebnisse mit der Eisenbahn oder an gelungene Reisen mit diesem Verkehrsmittel. Oder er freut sich an seiner Lieblingslok, ihrem Klang oder ihrer eleganten Erscheinung.

Das rauschende Kreisen eines Zuges auf einer Modellbahn – oftmals zu Unrecht als einfallsloser Zeitvertreib abqualifiziert – hat etwas Beruhigendes an sich. Nach einem langen Arbeitstag, an dem vielleicht so manches schief gelaufen ist und einen gestresst hat, ähnelt die Betrachtung eines kreisen-

Bisweilen tauchen auch ganz merkwürdige Wesen links und rechts des Schienenstrangs auf, manchmal blockieren sie sogar die Weiterfahrt, wie hier zu sehen. Die Eisenbahn macht den Kindern dann am meisten Freude, wenn sie ihre gewohnten Spielzeuge ins Spiel einbringen können.

den Zuges fast schon einer meditativen Übung. Es mag Leute geben, die darüber lachen. Das ist mir auch schon passiert: In meinem Modellbahnlädchen in der Nähe meines Wohnorts kam das Gespräch auf die Gründe, sich diesem und keinem anderen Hobby zu widmen. Er spiele mit der Modellbahn, weil er ein begeisterter Modellbauer sei, berichtete der eine; ein andere sagte, dass er die Vorbildstrecke seiner Kindheit nachbauen wolle und ein dritter beschäftigte sich mit der Modellbahn, weil er die Sammlung der Fahrzeuge als Geldanlage sehe. Als ich bekundete, dass einer der Gründe der Modellbahnerei für mich das beruhigende Kreisen der Züge sei, hielt man das für einen Scherz. »Ein im Kreis herumfahrender Zug ist nicht vorbildgerecht«, hieß es, und: »Eine Modellbahn sollte ein Stück Wirklichkeit sein, das haben kreisende Züge nichts verloren.«

Jetzt bloß nicht eingreifen und sagen: »Das tut man nicht!« Die Modellbahnbegeisterung wäre rasch beendet. Benedikt hat nun mal seinen Spaß damit, den heranbrausenden Güterzug mit der Diesellok per Hand aufzuhalten. Die Lok hat es übrigens gut überstanden.
Foto: Thomas Drexel

Nun meine ich, dass jeder nach seiner Fasson selig werden solle – und dazu gehört eben auch der Respekt vor den Vorlieben des Nächsten. »Schaut«, sagte ich, »ihr seid erfolgreich in euren Berufen und zum Ausgleich beschäftigt ihr euch in eurer Freizeit mit der Modellbahn. Da macht ihr etwas, das euch Entspannung und Freude bereitet. Warum muss man denn dann mit soviel Ernst und Verbissenheit Modellbahn spielen? Warum nehmen die Vorbildtreue und der Wirklichkeitswahn denn nur soviel Raum ein? Ist es denn so schwer, einfach einmal nur zu spielen, sich am Kreisen von Zügen zu erfreuen? Sind wir alle schon so weit vom Kindsein weg?«

Na, ja, so richtig nachvollziehen konnten die anderen die »Modellbahn als Meditation« zwar nicht, aber vielleicht lachen sie das nächste Mal nicht wieder so laut ... Da ich das Beruhigende der Modellbahn an mir selbst erfahren habe, empfehle ich diesen Aspekt der Modellbahnerei weiter – auch auf die Gefahr hin, ausgelacht zu werden.

Doch zurück zum Spielen mit der Modellbahn. Erwachsene neigen dabei oft zu Übertreibungen. Offenbar unterstellen sich zahlreiche ältere Modelleisenbahner offenbar immer wieder irgendwelchen Ansprüchen, die zum einen dem angesammelten Vorbildwissen entstammen, zum anderen der Regelhaftigkeit des Berufsalltags zu verdanken sind. Die Großen können offenbar nicht mehr so frei spielen, wie Kinder das tun. Vieles von dem, was auf einer Modellbahnanlage geschieht, unterwerfen Erwachsene einem Vorschriftenkatalog in ihren Köpfen, der es ihnen verbietet, mit dem ICE Güter zu befördern, weil es das beim Vorbild eben nicht gibt. Kindern ist das völlig gleichgültig, wie sich noch weiter unten zeigen wird.

Für Lukas macht das Eisenbahnspiel erst dann richtig Spaß, wenn er seine geliebten Yu-Gi-Oh-Figuren in den Wagen befördern kann.

Erwachsene transportieren Stückgut auch nicht im offenen Wagen, weil es das beim Vorbild ebenfalls nicht gibt. Schade, denn das macht sehr viel Spaß, wie das Testteam weiter unten beweisen wird. Nun frage ich, was nutzt denn ein Hobby, das nur Kopf oder Bauch zufrieden stellt? Was nützt es, wenn uns unser Hobby dieselben unangenehmen Vorschriften des Alltags aufbürdet? »Das darfst du! Das darfst Du nicht! Das geht nicht und das sollte man nicht tun!« Einfach ignorieren! Eine Freizeitbeschäftigung muss den Kopf und den Bauch zugleich zufrieden stellen. Und genau das ist es, was Erwachsene von den Kindern lernen können – wer Lust hat, an seine sündhaft teure Luxusschnellzugdampflok einen knallbonbonbunten Güterwagen anzuhängen, sollte das einfach tun. Keiner sage, dass es nicht einen Riesenspaß macht, einen vollbeladenen Schienentransportwagen über den Ablaufberg donnern zu lassen und ihn dann auf die in einer Gleisharfe wartenden Waggons scheppern zu lassen – den dieses Tun aufs Schärfste untersagenden Vorschriften zum Trotz. Mit einem verbissenen Vorschriftendenken, was auf einer Modellbahn passieren darf und was nicht, vertreiben wir den Modellbahnnachwuchs garantiert.

Ganz wichtig ist, dass man selbst noch einen kindlichen Spaß mit der Modellbahn hat und diesen dann auch an die Kinder weitergeben kann. Denn Kinder lernen durch das Beispiel anderer immer noch am meisten. Deshalb geht es im Folgenden darum, Kinder mit der Modelleisenbahn einfach spielen zu lassen – und: es ist nicht verboten, sich einmal selbst hinzuknieen und wie ein Kind Modellbahn zu erfahren.

Die Streckenbauarbeiter Dominik und Benedikt lassen sich auch von schwierig zu trassierenden Bergen nicht aus der Ruhe bringen.

Vom kleinen Zauberer: Eine neue Welt entsteht

Wenn ein Kind eine Anfangspackung bekommt, wird es sicher sogleich ans Auspacken und Aufbauen gehen. Dann wird das Wohnzimmer zumeist die große, neue Spielwelt, denn der ganze Raum wird in das Spiel miteinbezogen. Und viele Erwachsene staunen über die Dimension, die das Modellbahnspiel annimmt. Da wird das Sofa zum Bergmassiv, das umrundet werden muss, und der Raum unter dem Tisch und dem Gestühl wird zum Tunnel. Auch das unbekannte Land hinterm Sofa wird erkundet und schließlich »erfahren«. So entstehen ganz neue Spiel-Welten. Wie die alten Entdecker vor Hunderten von Jahren erschließen die Kinder den Wohnraum neu und nehmen ihn für ihre Krone, pardon, nehmen ihn für sich in Besitz. Das selbstvergessene Spiel stellt sich dabei ganz von selbst ein.

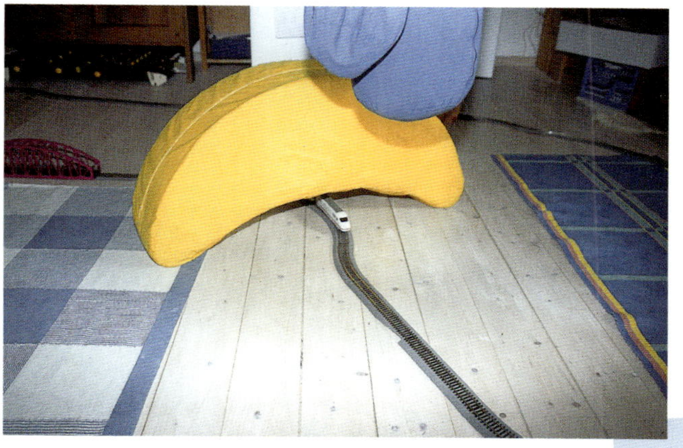

Fast die gesamte Wohneinrichtung haben die Kinder in ihr Spiel miteinbezogen. Dabei »erfahren« sie den Raum und entdecken ganz neue Spielwelten. Im Bild unterquert der ICE soeben das »Sitzelementgebirge südlich von Kissenburg«.

Freiraum für die Phantasie

Kinder haben mehr als genügend Phantasie, um sich all das, was in ihrer Eisenbahnwelt fehlt, ganz einfach vorzustellen. Da nimmt es dann nicht Wunder, dass ein Haufen Playmobil-Indianer den ICE überfällt, was dazu führt, dass die Bahn mal wieder zu spät kommt. Oder ein Bauklotz-Steinschlag sorgt für unerwarteten Halt.

Es kann daher nicht der richtige Weg sein, Kinder eine fertig gestaltete Modellbahn vorzusetzen und sich mit den Worten »Nun spiel mal schön« wieder zu entfernen. Zumeist bestehen solche Fertiganlagen aus dem klassischen Rechteck, zwei oder drei Gleisovale malen ihre Linien aufs Brett und das unvermeidliche Dorf macht den Eindruck einer in Panik verlassenen Siedlung. Diese Anlagen haben sicher ihre Daseinsberechtigung, etwa für Modellbahner, die aus welchen Gründen auch immer zu wenig Zeit haben, eine Modellbahn zu bauen, oder denen die handwerkliche Begabung fehlt. Für die aktive Nachwuchsförderung sind sie aber ungeeignet. Denn sie transportieren die Vorstellungswelten von Erwachsenen, sind oftmals sogar die verkleinerte Ausgabe der mütterlichen oder väterlichen Anlage, mit denen die Kleinen nicht spielen dürfen, »weil sie ja was kaputt machen könnten«. Kinder wollen keine verkleinerte Erwachsenenanlage.

Aber bleiben wir noch beim Beispiel Fertiganlage. Beobachten wir die Kinder, die damit spielen: Eine Weile sind die Züge, die durch die hübsche Landschaft sausen, interessant. Ein paar Weichen erhöhen natürlich die Abwechslung. Doch die Spielmöglichkeiten sind auf einer solchen Anlage doch sehr begrenzt: Die aufgedruckten bzw. gemalten Straßen sind in der Regel zu klein für die Spielzeugautos der Kinder, von der zumeist sinnlosen Anlage der Fahrbahnen ganz zu schweigen. Die Gebäude sitzen entweder unverrückbar fest oder es fehlen alternative Aufstellmöglichkeiten, denn der vorgesehene Standort für ein ganz bestimmtes Gebäude wurde vom Hersteller der Fertiganlage zuvor festgelegt und farblich

Kinder möchten »mittendrin« sein. Johanna hat schon mal den richtigen Platz für das bevorstehende Modellbahnvergnügen eingenommen.

markiert bzw. die Umgebung des Aufstellorts mit Grasfasern begrünt. Die meist aufwändige, detaillierte Ausführung einer solchen Anlage führt im kindlich-rauen Spielbetrieb garantiert dazu, dass etwas abbricht oder anderweitig beschädigt wird.

Kinder wünschen sich aber mittendrin zu sein, wollen Geschichten in ihrer Spielwelt erleben. Sie haben noch den so genannten Tunnelblick, das heißt, ihnen fehlt die Übersicht über eine größere Fläche. Daher sind sie mit zwei Bahnhöfen auf kleinster Fläche ausreichend beschäftigt, da sie deren räumliche Nähe nicht stört. Erwachsene Modellbahner empfinden dies vollständig anders. Eine Modelleisenbahn, die Kinder zum Spielen animieren soll, muss keine exakte Nachbildung des Vorbilds sein. Im Vordergrund sollte der Spielspaß stehen: Kinder wollen ihre gewohnten Spielzeuge ins Spiel miteinbeziehen. Das heißt, Yu-Gi-Oh-Figuren verladen, mit ihren Autos zwischen und auf den Gleisen herumfahren, Playmobil- und Lego-Figuren befördern sowie Desaster und Unglücke veranstalten. Denn in ihrer unschuldigen Weltanschauung hören und sehen sie es nun mal gerne krachen.

Förderung der Kreativität

Das bloße Spiel mit dem ICE hat seinen Reiz – solange er neu ist. Und dieses ungezügelte Spiel verliert rasch an Reiz. Aus diesem Grund erfinden Kinder dann bestimmte Regeln. Das ist ja einer der großen Grundirrtümer der Erwachsenen: Sie meinen, Spielen sei völlig zweckfreies Tun, ist es aber nicht. Das Spielen verfolgt ganz bestimmten, nicht auf den ersten Blick durchschaubaren Bestimmungen.

Die Modellbahn ist von daher das Beste gegen Langeweile, denn ihr Betrieb bietet eine Fülle von Vorschriften, Regeln und Aufgaben, die Erwachsene allerdings nicht überbewerten dürfen. Nutzten sie dagegen bestimmte Aufgaben des Vorbilds geschickt aus, so ergeben sich immer wieder neue Aspekte des Modellbahnspiels, Langeweile ist dann unbekannt. Das Schöne daran ist, dass sich Kinder die passenden Regeln aussuchen können.

Hier wieder mit dem dicken Vorschriftenkatalog zu winken, ist reichlich kontraproduktiv, denn den Sinn einer Regel akzeptieren Kinder nur dann, wenn sie ein wirkliches Bedürfnis danach verspüren.

Alle Aufforderungen wie »jetzt musst du« oder »du solltest« oder gar »das geht doch nicht« führten zum genauen Gegenteil: Frust, ja Ärger bei den Kindern und Unlust das Spiel mit der Bahn fortzusetzen.

Hier führt nur Geduld zum Erfolg. Kinder brauchen Zeit, Regeln zu erkennen und sie zu akzeptieren und dann für ihr eigenes Spiel gewinnbringend umzusetzen oder sogar etwas auf den ersten Blick Verborgenes, nicht sofort Erkennbares zu erlernen. Aber es funktioniert, das Testteam ist der lebende Beweis dafür.

Rückschläge sollte man ignorieren, denn es kommt immer wieder vor, dass die Kleinen mehr Lust hatten, einmal ums Haus zu toben, oder die Geräte falsch bedienten, obwohl sie zuvor damit keine Schwierigkeiten hatten.

Es geht hier nicht um Nachhilfeunterricht in Sachen Modelleisenbahn. Besser trifft den Sachverhalt wohl das Wort »Hilfestellung«. Nehmen wir uns Zeit mit ihnen zu spielen. Und noch eines: Geben wir ihrer Phantasie den Vorzug vor festgefügten Regeln, akzeptieren wir ihre Regeln, statt unserer.

Auch Dominik und Pauline wurde es beim Spiel mit der Modellbahn nicht langweilig. Immer neue Transportaufgaben und Rangiervorgänge brachten ihnen viel Abwechslung. ***Foto: Thomas Drexel***

Immer schön auf dem Teppich bleiben

Als es darum ging, Kinder für das Testteam zu finden, spielten eine Reihe von Überlegungen eine Rolle. Sie sollten bislang nichts mit

Die Modellbahn eröffnet Kindern immer wieder neue, zunächst verborgene Aspekte. Valentin bemerkt anerkennend das hohe Gewicht des ICE, um dann darauf zu schließen, dass man damit »einiges vom Gleis fegen« könne. ***Foto: Christa Steinhart***

Eisenbahnen oder Modelleisenbahnen zu tun gehabt haben. Das Alter sollte sich so zwischen vier und zehn Jahren bewegen. Wie ich finde, die richtige Zeitspanne als Einstiegsalter für Modellbahnen.

Kinder verbinden den Begriff Eisenbahn mit dem ICE, er symbolisiert für sie auch die Modellbahn schlechthin. Das verwendete Modell ist robust genug, um auch rabiate Entgleisungen wie hier abgebildet zu überstehen.

Die Kinder des Testteams spielten alle mit der gleichen Startpackung. In Gesprächen mit ihnen bei gelegentlichen Treffen habe ich erfahren, dass Kinder von heute vor allem den ICE toll finden. Klar, er symbolisiert die moderne Eisenbahn, sieht gut aus und ist vor allem sehr schnell. Das fasziniert Kinder. Daher sollten sie mit dem ICE ihre ersten Modellbahnerfahrungen machen.

Das Gleissystem sollte auf dem Teppich aufbaubar sein. Daher wählte ich das Roco-Line-Bettungsgleis. Denn es schützt durch die Bettung weitgehend vor Verschmutzung der Getriebe durch Fusseln oder Härchen. Natürlich gilt das auch für die anderen in diesem Buch empfohlenen Gleise.

Roco bietet den ICE in einer Digitalanfangspackung in dem international genormten Digitalformat DCC an – eine der weltweit gebräuchlichsten Digitalsteuerungen. Der Vorzug der Roco-Digitalsteuerung ist die genial einfache Bedienung per Lokmaus. Denn solch ein Bedienungsteil kannten die Kinder bereits vom Computer her. Nach einer kurzen helfenden Einweisung konnten sie problemlos mit der Maus umgehen. Dass die Lokmaus in attraktivem Rot daherkommt, hat ihre Beliebtheit nur gesteigert. Die Farbgestaltung spielt bei Kindern nach wie vor eine große Rolle.

Einige kurze, helfende Hinweise waren natürlich schon nötig, damit Valentin und Johanna ihre ersten Schritte ins Modellbahnglück unternehmen können. ***Foto: Christa Steinhart***

Mit dem Aufbau kamen die Kinder nach einer kurzen Hilfestellung gut zurecht. Es ist selbst für Zehnjährige nicht ganz einfach, die Schienen kontaktsicher zusammenzustecken. Leicht rutschte einer der Schienenverbinder unter das Gleisprofil. Da müsste ein Erwachsener noch mal kurz drüber schauen. Denn allzu lange darf die Aufbauerei natürlich nicht dauern.
Gespielt wurde in den Kinderzimmern, aber auch in den Wohnzimmern. Der Teppich wurde dabei zum Stadtplan. Zugleich wird die Auslegeware zur größtmöglichen Spielfläche in der Wohnung, denn nur die Außenwände begrenzen sie. Erwartungsgemäß bezogen die jungen Teppichbahner die Einrichtungsgegenstände in das Spiel mit ein.

Wie es Valentin hier eindrucksvoll demonstriert, stellt der Aufbau einer Gleisanlage kein Hexenwerk dar.

Die Züge fahren los

So, da liegt sie nun vor dir, deine Startpackung. Gratuliere! Als erstes steckst du die Gleise zusammen. Das geht eigentlich nicht schwer. Du musst nur darauf achten, dass die Schienenverbinder genau mit den Gleisen zusammenpassen. Denn sonst kann kein Strom fließen und die Bahn fährt nicht. Wenn du alle Gleise zusammengesteckt hast, fahre mit dem Finger noch mal alle Stellen ab, wo Gleise aneinander stoßen. Passt alles gut zusammen, gibt es keine Lücken oder Absätze?
Beim Anschluss der Bahn verfährst du nach der Methode »Vom Gleis zur Steckdose«. Das heißt, zunächst werden die beiden Kabel des Anschlussgleises in den kleinen schwarzen Kasten gesteckt und zwar in den Steckplatz »Track out«. Der schwarze Kasten ist ein Digitalverstärker. Erinnerst du dich an die Erklärung der Digitalsteuerung? Der Verstärker sorgt dafür, dass die Lokomotiven das digitale Signal deutlich »hören« können. Dann nimmst du das beiliegende schwarze Kabel. Es besitzt an beiden Enden spezielle Stecker. Das sind so genannte Westernstecker. Die kennst du vielleicht vom Telefon her. Den einen steckst du in die Lokmaus, das andere Kabelende in den Digitalverstärker. Und zwar am Steckplatz »Master«.
Nun nimmst du das links unten am Digitalverstärker fest angebaute Kabel und steckst es in den Transformator. Den kennst du

bereits und weißt sicher noch, was der macht. Richtig, er schwächt den Strom auf ein ungefährliches Maß ab. Erst jetzt steckst du das Kabel mit dem Stecker des Transformators in die Steckdose.

Wenn du jetzt auf die Anzeige der Maus schaust, siehst du die Anzeige »L2«. Das heißt, die Maus prüft, ob alles seine Richtigkeit hat. Dann erscheint in der Anzeige irgendeine Zahl.

Erinnere dich nochmals an die Digitalsteuerung. Wie du ja weißt, sitzen in den Loks, also auch im ICE, Bausteine, die auf das digitale Signal hören. Im ICE sitzt ein Baustein, der auf die »3« hört. Um loszufahren, musst du auf der Maus die »3« einstellen. Dazu tippst du die Pfeiltasten an. Die obere, wenn du die angezeigte Zahl erhöhen willst. Die untere, wenn du die Zahl vermindern willst. Und zwar solange, bis die »3« erscheint. Jetzt kannst du mit dem großen Drehknopf den ICE losfahren lassen.

Wenn du auf die Taste mit dem Lampensymbol drückst, geht am ICE die Stirnbeleuchtung an. In Fahrtrichtung ist sie weiß, die Rückleuchten erstrahlen in Rot. Wenn der Zug seine Fahrtrichtung wechselt, ändert sich auch die Farbe der Stirnbeleuchtung. Aus weiß wird rot und aus rot weiß. Drückst du während der Fahrt des Zuges auf die Taste mit dem großen P, dann ertönt ein Signalton. Das ist wie in echt. Wenn der ICE in einen Tunnel saust, lässt er vorher ebenfalls einen Signalton hören. Steht der ICE im Bahnhof und du drückst dann die Taste mit dem großen P, ertönt das Türenpiepsen. Auch das ist wie in echt. Dieser Ton ist immer zu hören, wenn sich die Türen des großen ICE schließen.

Gummibären sind leckere Fahrgäste

Wie du auf den Fotos sehen kannst, haben Johanna und Valentin alles Mögliche mit dem Zug transportiert. Besonderen Spaß hat es mit Gummibären gemacht. Die sind gerade klein genug, dass sie auf die Waggons passen. Dann haben wir alle ein Spiel gemacht. Johanna hat die Waggons mit Gummibären beladen. Valentin hat den Zug dann in Bewegung gesetzt. Jetzt musste jeder probieren, ein paar Gummibären aus dem vorbeifahrenden Zug zu nehmen. Dabei durfte der Zug aber nicht umstürzen oder entgleisen. Tat er das doch, mussten alle Gummibären wieder zurückgelegt werden. Natürlich hat es beiden auch großen Spaß gemacht, Gummibären in die Waggons zu setzen. Dass man die Türen schließen kann, ist natürlich wichtig. »Jetzt fällt der Gummibär wenigstens nicht raus«, meinte Johanna. »Und man kann in den Kurven richtig Gas geben, ohne die Ladung zu verlieren«, fand Valentin.

Gummibären sind auch genügsame Fahrgäste, denen eine Reise im zugigen Güterzugbegleitwagen nichts ausmacht. Ganz im Gegenteil, dem gelben Kerl scheint die frische Luft bei Johanna und Valentin nichts auszumachen.

Sicher macht es Spaß, den ICE durch die Kurven zu jagen. Nun stelle dir aber einmal vor, du würdest in dem Zug selbst drinsitzen. Und der Lokführer würde so rasen, wie du. In jeder Kurve würdest du auf dem Sitz herumgeschleudert. Dem einen Fahrgast saust beim Beschleunigen das Essen auf die Hose. Dem anderen Fahrgast fliegt beim Bremsen die Brille von der Nase. Da wäre es doch mal angebracht, so zu fahren, dass alle gut ankommen, ohne dass ihnen dabei schlecht wird.

Wir haben deshalb ein Spiel gemacht. Wer schafft es, die meisten Runden hinzulegen, ohne dass der ICE aus der Kurve flog? Den Rekord hat Dominik geschafft, er fuhr 17 Runden ohne Unglück.

Spielen als Selbstzweck

Besonders interessant wird es, wenn eine zweite Lok dazukommt. Das Testteam bekam daher eine Diesellok dazu.

Viel Verkehr

Nun hast du eifrig mit dem ICE gespielt. Aber was, wenn plötzlich eine zweite Lok auftaucht? Stellst du sie aufs Gleis, so brummt sie vernehmlich. Das ist klar, denn sie hat keinen Digitalbaustein. Deshalb nimmst du sie und stellst sie auf den Schreibtisch. Dann ziehst du das Gehäuse ab. Da muss dir vielleicht ein Erwachsener helfen. Was siehst du dann? Einen Haufen Kabel und Lötpunkte. Irgendwo findest du dann einen kleinen Stecker, der so aussieht, wie auf dem Foto. Das ist die Steckschnittstelle, in die ein Digitalbaustein hineingesteckt wird. Den Stecker ziehst du nun ab. Dann nimmst du den Digitalbaustein und steckst ihn in die Schnittstelle. Achte darauf, dass das orangefarbene Kabel an der Steckstelle zu liegen kommt, die durch ein Sternchen oder eine »1« gekennzeichnet ist.

Dann stellst du die Lok aufs Gleis. Sie wird ebenso wie der ICE losfahren. Denn der ICE und die Diesellok hören beide auf die »3«. Denn die ist in der Anzeige der Lokmaus zu sehen. Ein neuer Digitalbaustein hört übrigens immer auf die »3«. Nun musst du dir also überlegen, welche andere Nummer der Digitalbaustein der Diesellok kriegen soll. Wir

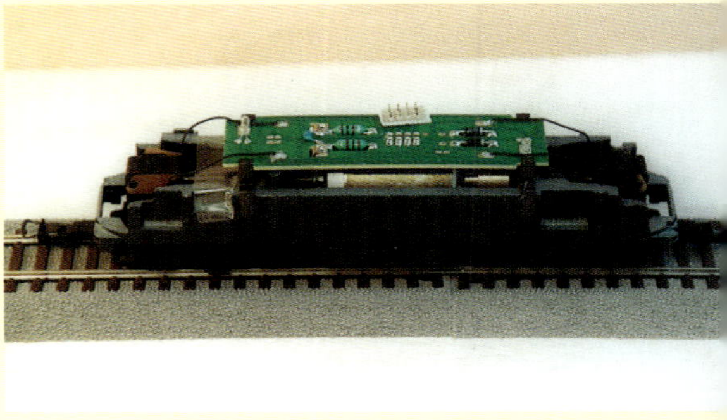

Wenn du den Stecker herausziehst, wird die Steckschnittstelle frei. Da hinein kannst du dann einen Decoder stecken.

haben uns für die »4« entschieden. Wie gibt man das ein?

Nimm die Lokmaus und drücke die Taste »P« und die Taste mit dem Sternchen gleichzeitig. In der Anzeige erscheinen sodann die Buchstaben »SP«. Dann lass die beiden Tasten los. In der Anzeige erscheint dann »03«. Das ist die werksseitige Adresse des Digitalbausteins, wie du oben erfahren hast. Nun verändere den angezeigten Wert so lange, bis die von dir gewünschte Zahl in der Anzeige zu sehen ist. Mit der Pfeiltaste, die nach oben zeigt, erhöhst du auf »4«. Dann drückst du die Taste »P«. Danach rechnet die Maus ein paar Sekunden. Das kennst du sicher vom Computer her. Dann kannst du schon mit der Diesellok unter der Nummer

»4« losfahren. Wenn alles funktioniert, setzt du das Gehäuse wieder auf. Wenn das Licht an der Lok nicht brennt, nimm die Lok zuerst wieder vom Gleis. Dann drehe den Stecker des Digitalbausteins ein halbe Umdrehung herum. Denn manchmal steckt man den Stecker verkehrt herum ein. Dann stecke den Stecker wieder ein. Jetzt wird das Licht brennen.

Jetzt kannst du mit beiden Loks gleichzeitig fahren. Zuerst setzt du unter der »3« den ICE in Bewegung. Dann drückst du die Pfeiltaste bis die »4« in der Anzeige leuchtet. Der ICE fährt mit der zuletzt eingestellten Geschwindigkeit weiter. Unter der »4« setzt du nun die Diesellok in Bewegung. Nun musst du nur noch aufpassen, dass die Züge nicht aufeinander fahren. Das kann ganz schön schwierig werden.

Die Kinder haben das nach einigem Üben ganz toll hingekriegt, obwohl es nicht leicht ist. Probier es einmal aus.

Leben mit der Eisenbahn

Vor etwa 50 Jahren besaßen Kinder nicht so viele völlig verschiedene Spielsachen wie heute. Ihre Konzentration galt daher nur wenigen Dingen. Heute ist es für Kinder weitaus schwerer, sich auf ein Spielzeug zu konzentrieren. Zu groß ist die Auswahl, zu groß die Möglichkeiten, mit ganz unterschiedlichen Dingen zu spielen.

Damit die Modellbahn in diesem Universum der nahezu unbegrenzten Möglichkeiten nicht untergeht, muss sie präsent gehalten werden. Wenn das Kind zu Weihnachten oder zum Geburtstag eine Modellbahn geschenkt bekommen hat und nicht über den Platz verfügt, sie ständig aufgebaut zu lassen, so ist die Gefahr groß, dass die Bahn rasch wieder in Vergessenheit gerät. Der oftmals mangelnde Platz ist auch bei den Kindern selbst ein Thema. In Gesprächen mit meinem Testteam habe ich das erfahren. Alle Kinder haben sich gewünscht, die Modellbahn richtig aufbauen zu können. Doch leider ist das noch nicht möglich. Damit die Eisenbahn dann aber nicht in Vergessenheit gerät, dafür gibt es ein paar Tricks.

Bahn im Bild

Wahrscheinlich musst du abends deine Eisenbahn wieder zusammenräumen und in einer Kiste verstauen. Das kann ganz schön nerven. Aber vielleicht möchtest du die Modellbahn immer um dich herum haben. Weil du sie aber aufräumen musst, weißt du aber nicht, wie.

Phantasievoll malte Dominik seinen Traumzug. An die Wand gepinnt, hält eine Zeichnung auf diese Weise die Modellbahn präsent, Voraussetzung für die langfristige Beschäftigung mit dem Thema Eisenbahn.

Eine Idee ist es, dir ein Eisenbahn-Poster selbst zu bauen. Das kannst du dann im Zimmer aufhängen. Dann ist die Eisenbahn immer da. Dazu brauchst du alte Modellbahnkataloge und -prospekte. Darin findest du viele, viele Lokomotiven und Waggons. Aber natürlich gibt es auch Prospekte von Häuschenherstellern und Modellauto-produzenten. Blättere diese Kataloge durch und suche dir die schönsten Fahrzeuge oder Bauwerke aus. Vielleicht sind darunter ja richtige Traummodelle von dir. Zum Beispiel eine Lokomotive, auf die du sparen möchtest. Oder ein Waggon, der dir besonders gut gefällt. Dann nimm eine Schere und schneide dir deine Lieblingsmodelle aus. Die kannst du dann auf einen stabilen Karton kleben. Und schon hast du ein Poster aus deinen tollsten Eisenbahnmodellen gebastelt. Das Ganze hängst du dann in dein Zimmer oder dorthin, wo es dir am besten gefällt.

Du kannst mit diesen Fotografien aber auch spielen. Schneide dir einfach all die Loks, Waggons, Häuser und Autos aus, die dir gefallen. Dann suche dir festes Papier oder dünnen Karton. Darauf klebst du deine ausgeschnittenen Fahrzeuge und Modelle. Dann schneidest du die aufgeklebten Modelle aus. Du erhältst damit eine Sammlung von Eisenbahnmodellen und Häuschen, die auf einer stabilen Unterlage sitzen. Damit kannst du nun Züge bilden. Mit Häuschen und Autos zusammen kannst du sogar eine ganze Stadt aufbauen. Und das alles kostet fast nichts.

Die ideale Startpackung

Schön wäre es, wenn es die Kataloge billiger gäbe. Ich habe die Erfahrung gemacht, dass sich Kinder damit stundenlang beschäftigen. Das Testteam freute sich an den vielen bunten Bildern. »Die machen Spaß!«, hieß es. »Das will ich und das auch«, hieß es genauso.

Schaut man aber in den Modellbahnläden nach den Katalogen, so erschrickt man ob deren Preise. Irgendwie leuchtet einem das nicht ein. Natürlich, ich weiß, so ein Katalog ist in der Herstellung sehr teuer. Doch wenn man irgendwo etwas Größeres kaufen will, sei es eine Kaffeemaschine, ein Radio oder ein Designer-Zwiebelschneider statten einen die Verkäufer mit Prospekten und Katalogen aus. Kostenlos! Im Fachhandel blättert man inzwischen ein Sümmchen für einen Katalog hin, der einem einfachen Güterwagen entspricht. Aber was ich mangels Katalog nicht kenne, kann ich auch nicht kaufen.

Weichen machen das Spiel noch abwechslungsreicher. Zudem gestatten sie den Bau einer Überholstrecke, sodass ein Zug den anderen hinter sich lassen kann.

Lobenswert ist es sicherlich, wenn die Startpackungen einen Katalog oder einen Gutschein für einen solchen enthalten. Führt er den Kunden respektive den Nachwuchs doch wieder in den Laden.

Ebenfalls wegen der hohen Kosten verzichten die Hersteller darauf, Anfangspackungen mit Weichen auszustatten. Aus einleuchtenden Gründen verliert das Spiel mit dem Oval trotz aller Tricks rasch den Reiz. Weichen erhöhen den Spielwert. Daher mein Vorschlag: In den Anfangspackungen liegt ein Gutschein, der den Kauf zweier verbilligter Weichen ermöglicht. Zum einen bringt das den Nachwuchs in den Modellbahnladen, zum anderen hält es die Kleinen beim einmal gewählten Gleissystem. Und für den Kunden, sprich die Eltern, die das zahlen müssen, bringt es den Vorzug geringerer Kosten. Der Einstieg würde auf diese Weise jedenfalls preisgünstigerer, der Reiz des Modellbahnspiels würde erhöht. Das wiederum macht die Eisenbahntreue der Kleinen wahrscheinlicher.

Das Bahnhofsbrett zum schnellen Spielen

Es stellt sich die Frage, wo man den Modellbahnnachwuchs gezielt unterstützen kann. Wenn die Kleinen auf dem Teppich spielen, so bedeutet dies in der Regel, dass die ganze Herrlichkeit abends wieder weggeräumt werden muss, sollen die nötigen Wege innerhalb der Wohnung doch nutzbar bleiben. Das bedeutet, dass bei jedem Aufbauen die notwendige Verkabelung wieder hergestellt werden muss. Das ist eine Arbeit, die den Kindern nicht allzu viel Spaß bereitet. Zudem besteht jederzeit die Gefahr, an den losen Kabeln hängen zu bleiben, zu stolpern oder gar Gleisstücke hinter sich her zu schleifen.

Das Bahnhofsbrett glänzt in der Mittagssonne. Wir haben es nämlich draußen gebaut, wo Staub und Späne nicht stören. Es wird nun ganz einfach an die Teppichbahn angeschlossen. Um den kleinen Höhenunterschied zum Brett zu überwinden, genügt eine Rampe aus Büchern.

Die Lösung ist recht einfach: Dabei wird ein Bahnhof gleistechnisch komplett auf einem Bahnhofsbrett aufgebaut und fix und fertig verkabelt. Er kann dann immer wieder neu auf dem Fußboden verlegte Strecken miteinander verbinden. Ein solches Bahnhofsbrett hat den Vorteil, dass es rasch aufgebaut werden kann, wenn der Nachwuchs allein oder mit Freunden ein bisschen Eisenbahn spielen will. Da im Bahnhof notwendigerweise mehrere Gleise und Weichen nebeneinander verlegt werden müssen, was je nach Anspruch (Elektroweichen oder Handweichen, analoge oder digitale Steuerung, abschaltbare Gleise etc.) mehr oder weniger Kabel bedingt, können diese Leitungen störungsfrei und vor allem unfallfrei unter dem Brett untergebracht werden.

Der Bahnhof entstand auf einem 125 mal 40 Zentimeter großen Brett aus Leimholz, das eine Dicke von zwölf Millimetern besitzt. Solche Hölzer sind in Baumärkten jederzeit vorrätig. Zur Erhöhung der Stabilität wurde dieses Brett mit einem Leistenrahmen unterzogen. Er sichert den Freiraum, in dem die Kabelbahnen verlaufen.

Um den Verdrahtungsaufwand klein zu halten, sind Handweichen zu empfehlen. Da alle in diesem Buch vorgestellten Teppichbahn-geeigneten Gleissysteme nachträglich mit Elektroantrieben auszustatten sind, bedeutet es keine unnötige Ausgabe, Handweichen zu kaufen. Zudem sind Handweichen billiger als bereits elektrifizierte Weichen. Durch die Verwendung von Handweichen kommt man sozusagen umsonst in den Genuss eines höheren Spielwerts: Den Kindern macht es entschieden mehr Spaß, die Weichen vor Ort selbst mit der Hand zu stellen, als völlig abstrakt irgendwo auf ein Knöpfchen zu drücken. Die im Beispiel verwendeten Roco-Handweichen besitzen einen kleinen unauffälligen Hebel, dessen Bedienung aufgrund seiner Winzigkeit den Kindern bisweilen Schwierigkeiten machte. Fleischmann liefert für seine Profi-Weichen einen speziellen Handstellhebel, der für Kinder zu empfehlen ist. Die Betätigung der Märklin-C-Weichen

gelang problemlos. Die Kinder hatten ihren Spaß beim Stellen der Weichen, es war sogar eine begehrte Aufgabe, zur Weiche hinzulaufen und sie zu stellen. Die Fernbedienungsmöglichkeit scheint demnach erst attraktiv zu werden, wenn man älter und etwas müder geworden ist. Der Spaß beim Stellen führte dann zur Arbeitsteilung: Einer stellte die Fahrwege und einer fuhr mit dem Zug.
Ein solches Bahnhofsbrett kann natürlich komplett durchgestaltet werden. Meist ist es jedoch besser, dem Kind ein zur Gestaltung einladendes Feld zu geben, auf dem es sich dann austoben kann. Dabei werden lediglich die Gleise installiert und angeschlossen. Die Kinder übernehmen dann selbst die Gestaltung des Bretts, etwa mit Lego-Häusern oder den in diesem Buch an anderer Stelle empfohlenen Papier-Häusern.

Kapitel 6

Gleispläne und Anlagenformen – vom Zauber der eigenen Idee

Die heute leider nicht mehr existierende Zeitschrift »Bahn & Modell« widmete sich schon vor mehr als zehn Jahren in vielen Beiträgen dem Thema Kinder und Modellbahn bzw. Modellbahnstart in immer wieder anderen Ansätzen. Dabei entstanden zahlreiche interessante, noch immer aktuelle Projekte bzw. Vorschläge, auf die in diesem Buch mehrmals eingegangen werden wird. So beschrieb im Dezemberheft des Jahres 1988 der bekannten Modellbauer, -bahner und Eisenbahnbuchautor Stefan Carstens die erste Modelleisenbahn seines damals 5-jährigen Sohnes Malte. Da das eigene Modellbahnprojekt von Stefan Carstens nicht zu verwirklichen war, »lag es also nahe, dass Malte eine eigene, eben die ‚Junior-Anlage' bekommt.«[1] Auch das soll es ja heute noch geben: Papa schafft es nicht – aus welchen Gründen auch immer – , seine modellbahnerischen Träume zu verwirklichen, und so besteht die Gefahr, dass der hoffnungsvolle Nachwuchs ohne eine Modellbahn aufwächst.

Für dieses Problem fand Carstens eine einfache aber wirkungsvolle Lösung: Da seine eigene Anlage noch auf sich warten ließ, bekam der Sohn eben seine eigene. Offenbar war es hier selbstverständlich, den Sohn ins Eisenbahnspiel miteinzubeziehen. Doch auch heute sieht die Wirklichkeit leider oftmals anders aus: Da ziehen sich die erwachsenen Modellbahner in ihr Refugium zurück, der Nachwuchs bleibt außen vor. Als Gründe nennen sie häufig die teuren Modelle, »da können Kinder schnell was kaputt machen«, oder »Kinder fahren nicht vorbildgetreue Züge« oder »die Technik sei für Kinder zu kompliziert«.

---

[1] Stefan Carstens, Maltes Junior-Bahn, in: Bahn & Modell 12 (1988), S. 25 ff.

Meine Erfahrungen mit dem Testteam zeigten jedoch, dass Kinder mit einer elektrischen Eisenbahn gut zu Recht kamen, technische Probleme bei der Bedienung gab es nach einer kurzen Einweisung keine. Stichwort Vorbildtreue: Kindern ist es vollkommen egal, ob die Züge dem Vorbild entsprechen oder nicht. Wem etwas am modellbahnerischen Nachwuchs liegt, dem ist das auch egal. Bleibt eben der Vorwurf bestehen, dass Kinder schnell etwas an den teuren Modellen kaputt machen können. Das ist zweifellos richtig. Hier würde ich eben empfehlen, alle komplizierten, hochdetaillierten und entsprechend teuren Modelle irgendwo im Schattenbahnhof zu verstecken oder als defekt zu deklarieren. Ich bin überzeugt, dass jeder Modellbahner auch robuste Maschinen und Fahrzeuge besitzt, mit denen eifrig gespielt werden kann und die nicht gleich beim ersten Entgleisen zersplittern.

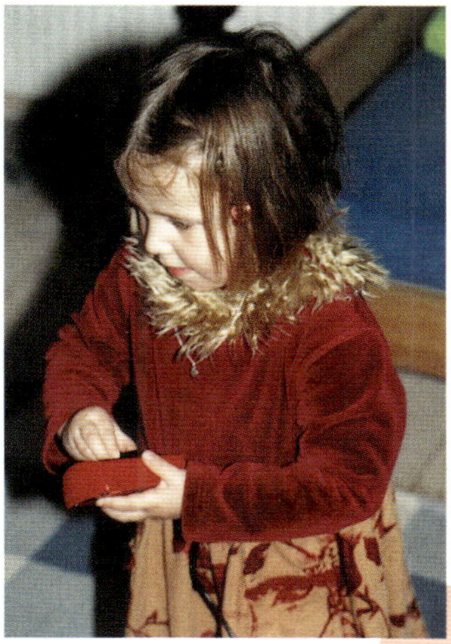

Auch Pauline, zum Zeitpunkt dieser Aufnahmen vier Jahre alt, hatte mit der Bedienung der Technik einer Modellbahn keine Probleme.
Foto: Thomas Drexel

Stefan Carstens sah für die Junior-Bahn seines Sohnes eine Grundplatte von 160 mal 100 Zentimeter vor, entschied sich also für die Rechteckform. Auch auf einer so kleinen Anlagenfläche lässt sich in Baugröße H0 ein abwechslungsreicher Spielbetrieb aufziehen. Denn für den Spielwert einer kleinen Modellbahn ist es gleichgültig, ob »die Züge 70 cm oder 2,5 m lang sind«, wie Carstens schreibt. »Wichtig ist, daß das Thema auf die vorhandenen Gleisnutzlängen abgestimmt wird und daß genügend sinnvolle Betriebs-/Spielelemente vorhanden sind.«[2] Ob das Spiel mit einer Modellbahn nämlich rasch langweilig wird oder nicht, liegt an den vorgesehenen Betriebsmöglichkeiten. Sind genügend vorhanden, wird der Modellbahnnachwuchs immer wieder neue Aspekte des Modellbahnspiels erkennen und nachspielen.
Wer geschickt plant, bringt auf einer solchen Fläche viel unter, ohne dass die Anlage dabei überladen wirkt und sich somit selbst den Spielwert wieder nimmt. Carstens sah ein Gleisoval mit einem Bahnhof vor. Er besitzt ein Hauptgleis mit einem Überholgleis. Die Nutzlänge dieser beiden Gleise sind natürlich bescheiden, aber wie oben erwähnt, spielt es für den Spielwert einer Anlage keine Rolle, wie lange die einsetzbaren Züge sind.
Eine sehr viel größere Rolle spielt die sinnvolle Anlage von Rangiergleisen und Stumpfgleisen, also an einem Prellbock endenden Abstellgleisen. Auf Maltes Anlage waren davon vorgesehen:

- ein 30 cm langes Ladestraßen/Kopframpengleis;
- ein 15 cm langes Seitenrampengleis; an diesen Anlagen können Güter gestapelt und vom Lkw auf die Waggons und umgekehrt umgeladen werden;
- ein Anschlussgleis zu einer Fabrik; auch das bedeutet unzählige Bedienungsfahrten zum An- oder Abtransport von Rohstoffen bzw. Fertigwaren;
- ein 15 cm langes Gleis für den Lokschuppen; irgendwo muss die Lok ja übernachten können bzw. versorgt werden.

[2] Stefan Carstens, Maltes Junior-Bahn, in: Bahn & Modell 12 (1988), S. 25.

Direkt vom Bahnhof aus führt ein weiteres Anschlussgleis zu einem Sägewerk bzw. Holzlager.
Wie man rasch erkennt, biete eine solchermaßen geplante Anlage zahlreiche abwechslungsreiche Aufgaben, ein Rasen im Kreis herum ist nicht unbedingt notwendig, aber möglich.
Eine Besonderheit besitzt diese Anlage noch: ein so genanntes »Fiddle-Yard«. Diese Erfindung, die aus Großbritannien stammt (siehe Kasten), ermöglicht es, dass verschiedene Züge eingesetzt werden können, um den Betrieb noch ein bisschen abwechslungsreicher zu gestalten. Auf der Gleisplanzeichnung erkennt man dies im rechten oberen Bereich. Zwei Weichen mit Stumpfgleisen nehmen maximal zwei 60 cm lange Zuggarnituren auf. Um diese Anlage zu verstecken, kann man natürlich irgendwann mal einen Berg darüber stülpen.

Fiddle Yard

Hinter dem Begriff »Fiddle Yard« – auf Deutsch etwa »Abstellbahnhof, auf dem man herumhantieren kann« – verbirgt sich eine typisch pragmatische Erfindung aus Großbritannien für die kleinen und kleinsten Modellbahnanlagen auf der Insel, welche man dort aber ganz selbstbewusst – weil superdetailliert ausgestaltet – auch auf Ausstellungen zeigen will. Auf vom Besucher nicht einsehbaren Stumpfgleisen, die teilweise keine Fahrleitung besitzen, oder gar gleisfreiem Stauraum werden Züge neu aufgestellt oder Fahrzeuge schnell ausgegleist bzw. von der Anlage genommen. Für Drehgestellfahrzeuge ist eine Eingleishilfe sinnvoll. Erfahrenen Ausstellern gelingt es selbst im Harry-Potter-Zeitalter, ihr Publikum immer noch damit zu verblüffen, wenn sie ohne sichtbare Eingriffe den Fahrzeuglauf ändern und aus dem Verborgenen neue Modelle »hervorzaubern«.
Frank Muth

Aus: Frank Muth, Die Straßenbahn (Die Modellbahn-Werkstatt Bd. 7), Stuttgart 2003

Diese Anlage legt also Wert auf sinnvolle Rangierfahrten, aber ganz ohne Personenzugverkehr sollte es natürlich auch nicht abgehen. Ein Kind möchte natürlich im Interesse der Abwechslung schon ganz gerne einen Güter- und einen Personenzug fahren lassen. Empfehlenswerte Personenwaggons sind je nach verwendetem System bzw. verwendeter Baugröße im Kapitel 4 vorgestellt worden.
Sinnvolle Güterwaggons sind natürlich jene, die beladen werden können, also Flachwagen oder offene Wagen. Gedeckte Wagen würde ich empfehlen, wenn sie Türen haben, die man öffnen und schließen kann.

Der vorliegende Gleisplan wurde mit Roco-Line-Gleiselementen gezeichnet, er kann aber natürlich auch als Anregung bzw. als Adaptation für andere Gleissysteme verwendet werden.
Da Kinder bei einer solchen Anlage natürlich gerne mitbauen wollen, ist es sinnvoll, auf flexible Gleise zu verzichten und die ganze Gleisanlage nur aus Einzelgleisstücken zusammenzusetzen. Das wurde beim Gleisplan und der Stückliste berücksichtigt.
Weil eine solche Anlage klein ist, bleibt sie transportabel – zu denken ist etwa an eine Aufstellung im Sommer auf dem Balkon oder im Garten. Natürlich muss das von einem Erwachsenen gemacht werden, weil die Fläche von knapp 1,6 Quadratmetern für ein Kind zum Tragen zu groß ist.
Für die Platte verwendete Stefan Carstens eine acht Millimeter starke Spanplatte. Da ist nicht sehr verwindungssteif, hat aber im Gegenzug den Vorteil des geringeren Gewichts. Soll die Platte fest aufgebaut irgendwo im Kinderzimmer stehen, sind natürlich zwölf Millimeter Sperrholz besser, aber auch teurer. Leisten (Querschnitt: 45 Millimeter mal 17 Millimeter) versteifen als untergeleimter Rahmen die Platte.

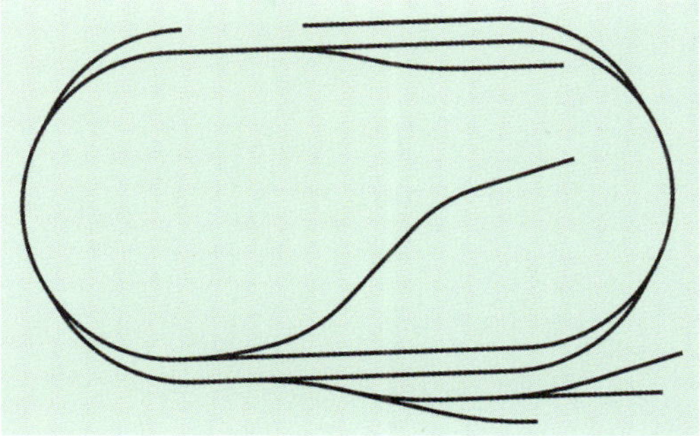

Das ist in etwa der Gleisplan von Stefan Carstens' Junioranlage. Wie man sieht, wurden ausreichende Streckenfahrten wie Rangiermöglichkeiten berücksichtigt.

Wichtig ist natürlich die Betriebssicherheit der Anlage, denn der Reiz der Bahn schwindet rasch, wenn technische Mängel das Spielen verhindern. Wie bereits weiter oben gesagt, erhöht sich der Spielwert einer Modellbahn durch zahlreiche Möglichkeiten des Eingreifens. Elektromagnetische Weichenantriebe, so zumindest meine Erfahrung, stoßen bei Kindern nicht unbedingt auf Gegenliebe. Sie haben mehr Spaß mit handbedienten Weichen. Daher reduziert sich der Aufwand auf die beiden Kabel zur Fahrstromeinspeisung. Im konventionellen Betrieb benötigt jeder Stromkreis logischerweise eine eigene Fahrstromeinspeisung, bei digitaler Steuerung genügt eine. Da jedoch über längere Strecken ein Spannungsverlust auftreten kann, ist es empfehlenswert, den Fahrstrom etwa alle vier Meter einmal einzuspeisen. Die notwendigen Kabel verschwinden unter der Anlagenplatte, wo man sie zweckmäßigerweise fest mit der Platte verbindet, um ein Herunterhängen der Kabel zu vermeiden. Denn früher oder später bleibt einer dran hängen und reißt was ab. Ein Funktionsausfall wäre die Folge. Man kann die Kabel mit

In einen solchen offenen Güterwagen, wie er auch von den anderen in diesem Buch genannten Firmen angeboten wird, können allerlei Dinge eingeladen und befördert werden. *Foto: Fleischmann*

Schmelzkleber (Vorsicht: heiß!) bändigen oder in Kunststoffschlaufen bündeln und mit der Platte verbinden. Eine andere Möglichkeit besteht im Tackern. Allerdings muss man dabei aufpassen und den Tacker nicht allzu »hart« einzustellen. Denn sonst beschädigt die austretende Klammer die Isolation der Kabel.
Wer diese Anlage konventionell betreiben will, muss einzelne Gleisstücke abschaltbar machen, damit mehrere Triebfahrzeuge eingesetzt werden können. So ruhen sich die gerade nicht benötigten Loks auf einem Gleisstutzen aus.

Wie kannst du einzelne Gleise abschalten?

Für alle Gleisarten bieten die Hersteller Trenner an. Das sind Schienenverbinder aus Kunststoff. Denn Kunststoff ist ein Nichtleiter. Strom kann nicht durch ihn hindurchfließen. Am einfachsten ist es bei Gleichstrom. Du schiebst den Kunststoffschuh einfach auf eines der beiden Schienenenden auf. Dann verbindest du diese Schiene mit der nächsten.
Nun überlegst du, wie lang die stromlose Schiene werden soll. Das entscheidet die Lok, die darauf abstellen willst. Wie lang ist diese Lok? Wenn sie 20 Zentimeter lang ist, muss die stromlose Schiene auch mindestens 20 Zentimeter lang sein.
Denke aber daran, dass die Lok oftmals noch einige Zentimeter weiterfährt, wenn du den Strom abstellst. Sie bleibt nicht gleich stehen. Das ist der Schwungeffekt. Das kennst Du vom Radfahren. Wenn du aufhörst zu treten, rollt das Fahrrad doch noch weiter.
Wenn du weißt, wie lang die stromlose Schiene sein soll, schiebst du auch auf das andere Ende der Schiene einen Kunststoffschuh. Wenn du die Schiene jetzt einbaust, hast du auf einer Seite eine stromlose Strecke geschaffen.
Wenn nun eine Lok herangefahren kommt, wird sie hier stehen bleiben, da die Schiene keinen Strom führt. Doch wie kannst Du jetzt wieder Strom in die Schiene leiten? Dazu musst du die stromlose Schiene mit einem Kabel verbinden. Das hält am besten, wenn dir ein Erwachsener das Kabel an der stromlosen Schiene anlötet. Dieses Kabel führst du dann zu einem Schalter und steckst es dort ein. Den Schalter verbindest du mit der Klemme des Trafos, in der bereits ein Kabel steckt. Denn das ist eine der beiden Fahrstromleitungen. Dieser Schalter sorgt dafür, dass einmal Strom durch das Kabel zur Schiene fließt und einmal nicht. Darüber entscheidet seine Stellung. Nun kannst du Strom in die Schiene fließen lassen oder ihn abstellen. Natürlich musst du darauf achten, dass kein Kurzschluss entsteht. Also nicht die Pole des angeschlossenen Gleises verwechseln.
Dieser Aufwand entfällt natürlich im digitalen System. Dort sind alle Lokomotiven jederzeit und überall abstellbar bzw. steuerbar.

Eine Anlage wie die obenvorgestellte benötigt etwa 25 Stunden Arbeit. Natürlich fehlt noch jegliche Geländegestaltung. Aber das soll ja, wie bereits erwähnt, die Aufgabe des Kindes sein. Hierbei lernt es das kreative Gestalten. Denn es kann nicht Sinn und Zweck der Übung sein, einem Kind eine komplett fertige Anlage hinzustellen. Der Weiterbau kann dann z. B. in gemeinschaftlicher Arbeit von Kind und Eltern geschehen. Die freien Flächen auf der Anlage gestatten es dem Kind, seine Spielwelt mit auf die Modellbahnanlage zu nehmen, seien es Lego-Steine, Spielzeugautos oder Playmobilfiguren.

Was den Spielwert dieser Anlage angeht, so ist die Steuerung der Anlage durch ein Kind möglich. Aber natürlich können auch zwei bis drei Kinder bzw. Elternteile hier mitspielen: Ein Lokführer, einer stellt die Weichen und einer belädt die Waggons.

Das A und O: Das Oval für den Anfang

Nun möchte ich dir ein paar Gleispläne zeigen. Die musst du nicht genau nachbauen, aber vielleicht kannst du einige der Ideen gebrauchen. Denn das Tolle an Modellbahnen ist ja gerade, dass du deine eigenen Pläne ausknobeln kannst. Es macht einen Riesenspaß, diese dann zu verwirklichen.

In den meisten Anfangspackungen liegt Gleismaterial, mit dem du ein Oval bauen kannst. Damit kann man schon eine ganze schöne Strecke fahren. Wenn du deine eigene Anlage aufbauen willst, sieht es schöner aus, wenn du das Oval nicht genau parallel zur Anlagenkante ausrichtest. Auf der hier abgebildeten Gleisplanzeichnung kannst du sehen, dass ein solcher Gleisverlauf viel lebendiger wirkt.

Zwar nur ein Oval, aber durch die leicht gedrehte Anordnung wirkt das Gleisbild gar nicht so langweilig.

Du kannst auch darauf achten, dass die Gleise nicht stur geradeaus führen. Das ist in Wirklichkeit nur auf den Stecken so, auf denen der ICE sehr schnell fährt. Meistens führen die Schienen geschwungen durch die Landschaft. Es macht auch mehr Spaß einem Zug zuzuschauen, der sich durch die Landschaft winden muss.

Links oder rechts? Eine Weiche bringt's

Um von einem Gleis auf das andere zu gelangen benutzt die Eisenbahn Weichen. Dabei gibt es verschiedene Formen. Am bekanntesten sind die einfachen links oder rechts abzweigenden Weichen. Es gibt aber auch andere Ausführungen. Zum Beispiel die Dreiwegweiche. Sie führt in drei mögliche Richtungen. Oder die Kreuzungsweiche. Das ist zunächst einmal eine Kreuzung. Aber anders als bei der Kreuzung gestattet es die Kreuzungsweiche einen abzweigenden Bogen zu fahren. Daneben gibt es noch Bogenweichen. Das ist eine Spezialität der Modellbahn. Denn das Vorbild kennt solche Weichen nicht. Nur Schmalspur- oder Industriebahnen besitzen solche Weichen. Mit Bogenweichen kannst du bereits in der Kurve das Gleis wechseln. Das ist von Vorteil, wenn du einen Bahnhof bauen willst. Die benutzbare Länge eines Gleises nennt man Nutzlänge. Da ist der Bereich, auf dem du mit deinem Zug stehen bleiben kannst, ohne dass ein anderer vorbeifahrender Zug hängen bleibt. Wenn du es einmal versuchst, eine möglichst große Nutzlänge in deinem Bahnhof zu erreichen, wirst du schnell merken, dass das gar nicht einfach ist. Um Nutzlänge zu gewinnen, kannst du Bogenweichen verwenden. Denn sie verlängern diese auf ganz einfach Weise.

Damit du interessante Fahrten machen kannst, brauchst du nicht unbedingt viele Weichen. Ein paar davon genügen. Denn wichtiger als die Anzahl ist es, dass sie auch sinnvoll eingebaut werden. Viele teure Weichen hintereinander – das nennen die Eisenbahner eine Weichenstraße – machen noch keine Modellbahn aus.

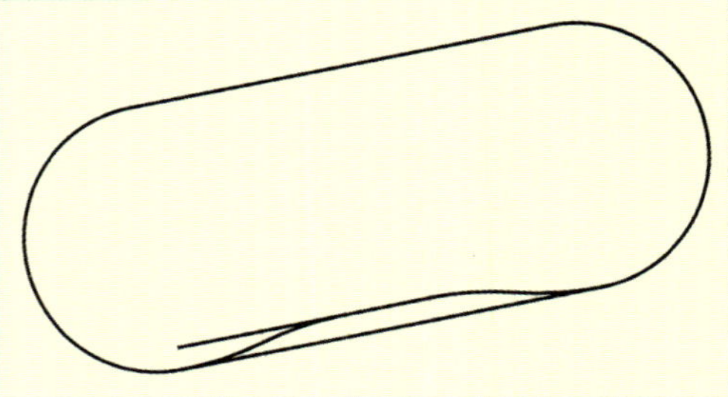

Durch die beiden Weichen kannst du im Bahnhofsbereich rangieren. Das Überholgleis gestattet dir Zugüberholungen.

Wie du auf dem abgebildeten Gleisplan siehst, bereiten schon drei Weichen sehr viel Abwechslung. Zwei Weichen bilden ein Überholgleis im Bahnhof. Durch das Überholgleis können schon zwei Züge eingesetzt werden. Die dritte Weiche führt zu einer Fabrik oder einem Sägewerk. Dort kannst du Waggons zustellen oder abholen. Da die Gleise nicht ganz genau parallel zur Anlagenkante geführt werden, sieht der Gleisplan zudem interessant aus.

Dieser Entwurf ist jederzeit ausbaubar. Mit einer weiteren Weiche könntest du einen weiteren Industriebetrieb anbinden. Oder ein Lokschuppengleis einbauen. Dort fährt die Lok dann hin, wenn sie betankt werden muss oder Kohlen fasst. Was man beim Rangieren alles machen kann, erfährst du im Kapitel 9.

Züge auf Halde: der Schattenbahnhof

Vielleicht hast du schon einmal etwas von einem »Schattenbahnhof« gehört. Auch das ist eine Spezialität der Modellbahn. Dabei handelt es sich um einen verdeckten Zugspeicher. Dort kannst du Züge sammeln und für die Reise in den sichtbaren Bereich der Anlage vorbereiten.

Wenn du dir noch mal den Gleisplan von eben anschaust, könnte man rechts oben einen solchen kleinen Schattenbahnhof anlegen. Das zeigt dann auch die folgende Abbildung. Über dem Schattenbahnhof liegt eine grüne Landschaft mit Bergen, Tannen und Häusern. Wichtig bei einem solchen Zugspeicher ist es, dass du jederzeit in ihn eingreifen kannst. Denn stell dir vor, dort unten entgleist ein Zug, und du kommst nicht an ihn heran. Gut ist es, wenn du um deine Anlage herumgehen kannst, um an den Schattenbahnhof

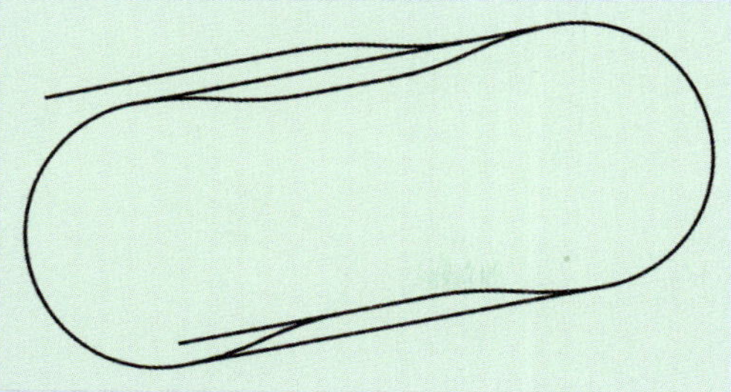

Im oberen Bereich sollte der Schattenbahnhof angeordnet werden, zwei Züge oder Triebwagen kannst du dort abstellen. Nicht vergessen darfst du allerdings ausreichende Zugriffmöglichkeiten, für den Fall, dass mal etwas entgleist.

zu kommen. Eine andere Möglichkeit, um an den Schattenbahnhof heranzukommen, ist es, den Landschaftsteil über dem Zugspeicher abnehmbar zu machen.

Die Gleise eines Schattenbahnhofs kannst du abschaltbar machen, wie es auf Seite 80 beschrieben wurde. Wenn du digital fährst, brauchst du das natürlich nicht zu machen. Denn dann bleiben die Loks dort stehen, wo du willst und benötigen keine abschaltbaren Gleise.

Alle Züge im Sack: ein Kopfbahnhof

Was wir bisher an Bahnhöfen angeschaut haben, waren Durchgangsbahnhöfe. Das sind, wie ihr Name schon sagt, Bahnhöfe, durch die der Zug durchfahren kann. Diese Anlagen sind beim Vorbild natürlich beliebt, weil sie nicht so schwierig zu betreiben sind. Ein Zug fährt ein, hält, Leute steigen aus, andere Leute steigen ein und schon geht die Fahrt weiter.

In Großstädten wie Frankfurt, Leipzig, München oder Stuttgart stehen jedoch so genannte Kopfbahnhöfe. Das sind Bahnhöfe, die weit in eine Stadt hineingebaut sind. Ihr Kennzeichen ist, dass alle Züge dort halten müssen. Denn alle Gleise enden dort. Die Weiterfahrt aus einem Kopfbahnhof ist also immer mit einem Richtungswechsel verbunden. Wie du dir vorstellen kannst, sind solche Bahnhöfe sehr kompliziert und schwierig zu betreiben. Daher sind die bei der großen Bahn nicht beliebt.

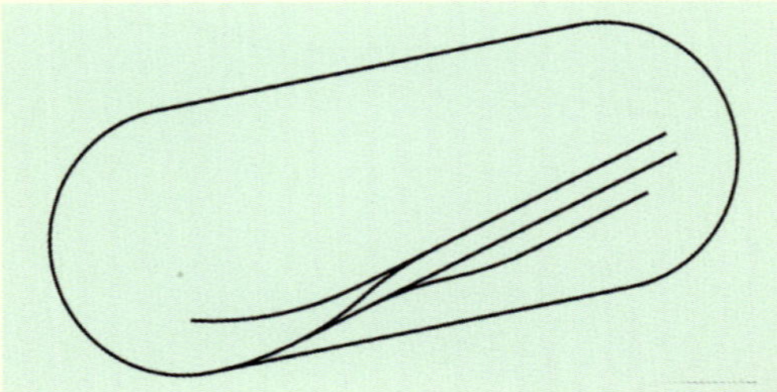

Diese kombinierte Oval-/Kopfbahnhofanlage gestattet Streckenfahrt und ausgedehnten Rangierspaß gleichzeitig.

Für dich als Modellbahner aber bieten sie viele Vorteile. Du kannst damit nämlich jede Menge Spielbetrieb machen. Wie du auf dem Gleisplan siehst, enden alle Züge im Bahnhof. Wenn der Zug wieder losfahren will, benötigt er eine neue Lokomotive. Denn die bisherige Maschine steht ja ganz vorne am Prellbock.

Und schieben darf sie ihren Zug nur, wenn es ein Wendezug ist. Das ist ein Zug, der einen so genannten Steuerwagen hat. Dann kann der Lokführer nämlich einfach aus der Lok in den Steuerwagen gehen. Dort findet er alle Bedienungseinrichtungen wie in der Lok vor. Und vom Steuerwagen aus fährt er dann den Zug.
Aber alle anderen Züge müssen die Lok wechseln. Das schafft eine Menge Aufgaben für dich. Denn die neue Lok muss bereitgestellt werden. Eventuell musst du sie noch betanken oder bekohlen. Dann musst du den Zug von der alten Lok abkuppeln. Dann kannst du die neue Lok langsam zum Zug fahren, wo sie angekuppelt wird.

Jetzt spielen wir zusammen!

Diese Anlage ist für Zwei gedacht. Am schönsten wäre es natürlich, wenn du dabei mit deinen Eltern spielen könntest. Der Entwurf sieht zwei Kopfbahnhöfe vor, wie du auf dem abgebildeten Gleisplan erkennen kannst. In der Mitte, zwischen den beiden Bahnhöfen, sollte sich ein Berg erheben. Er trennt sozusagen die beiden Bahnhöfe voneinander. Als Trennung wäre auch ein Brett denkbar, dass du wie in Kapitel 8 gezeigt, als Hintergrund anmalst.
Die beiden Bahnhofsvorstände können sich nun gegenseitig Züge schicken oder anfordern.
Am einfachsten geht es natürlich im Digitalsystem. Dann können nämlich beide Spieler vollkommen freizügig mit ihren Zügen fahren.

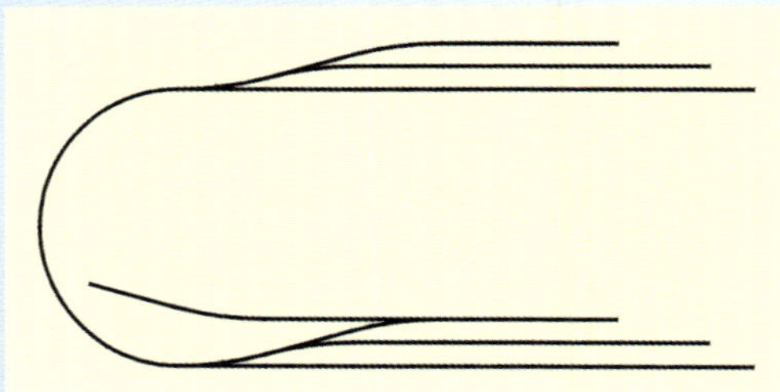

Eltern-und-Kind-Anlage wurde dieser Gleisplan getauft. Zwei Spielende finden hier allemal anregende Beschäftigung.

Wenn du deine Anlage noch analog betreibst, solltest du in der Streckenmitte zwischen den beiden Bahnhöfen eine Stromkreistrennung vorsehen. Dann kann jeder in seinem Bahnhof für sich herumfahren, Züge zusammenstellen und rangieren. Bei der Stromkreistrennstelle werden dann die Züge übergeben.

Mit einer solchen Garnitur aus einer Anfangspackung von Märklin kannst du schon ganz schön rangieren. Bis auf den Kesselwagen können die Waggons zudem beladen werden. Der Traktor und die Strohballen gehören zum Lieferumfang der Packung. ***Foto: Märklin***

Jetzt geht's ab: eine richtige Modellbahn

Zum Schluss möchte ich dir noch einen Anlagenentwurf zeigen, der einem in Wirklichkeit existierenden Vorbild entspricht. Es handelt sich dabei um den Bahnhof Gefrees in Bayern. Wie aus dem Gleisplan hervorgeht, ist der Bahnhof als Kopfbahnhof angelegt. Der Vorteil des Entwurfs ist seine geringe Breite. Er ist also auf einem Regal unterzubringen. Allerdings gestattet er keine Rundumfahrten. Viele erwachsene Modellbahner legen mehr Wert auf einen vorbildnahen Betrieb. Dieser kleine Bahnhof stellt eine ganze Menge an Aufgaben. Sie alle zu bewältigen macht aber einen Riesenspaß.

Der Gleisplan ist sehr einfach. Auf der folgenden Abbildung wurden alle Ladestellen und Bahnhofsgebäude eingezeichnet. Die vielen Kunden benötigen die Bahn zur Lieferung der Waren. Du kannst nun schon erahnen, welche abwechslungsreichen Fahrten hier möglich sind.

Ganz links siehst du auf dem Plan ein Lagerhaus, etwas oberhalb steht ein Düngemittelsilo. Dorthin schickst du gedeckte Güterwagen. Die transportieren nämlich Saatgut. An der großen Rampe werden Fahrzeuge oder Langholz verladen. Dafür kannst du Rungenwagen oder Niederbordwagen verwenden.

Die Baustoffhandlung unterhalb der Rampe lässt ihre Waren ebenfalls per Bahn anliefern. Dafür eignen sich gedeckte Waggons, Rungenwagen und offene Wagen mit hohen oder niedrigen Seitenwänden.

Oberhalb der Rampe steht der Lokschuppen und gleich daneben die Bekohlung. Wenn du Dampfloks einsetzen willst, musst du die Bekohlung mit offenen Waggons und einer Kohlenladung beschicken. Fährst du mit Dieselloks, baust du statt der Bekohlung eine Zapfstelle für Dieseltreibstoff. Die wird natürlich mit einem Kesselwagen befüllt.

Am rechten Ende des Bahnhofs steht das Empfangsgebäude mit dem Güterschuppen, an dem vor allem gedeckte Güterwagen mit einzelnen Gütern beladen werden. Das nennt man Stückgut. Ab und zu rollt auch mal ein Personenzug.

Genau gegenüber hat eine Brennstoffhandlung ihren Sitz. Sie benötigt Kohlen als Schüttgut oder als Brikettstapel. Beides lieferst du in offenen Waggons an, aber auch ein Rungenwagen ist für Lieferung der Brikettstapel denkbar.

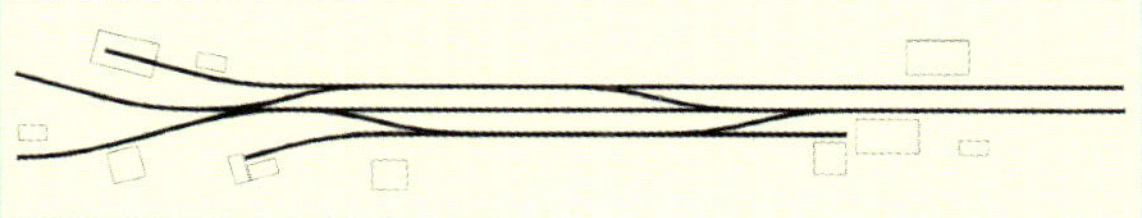

Kapitel 7

Basteleien, die Spaß machen

Der große Vorzug einer Modellbahn ist es, dass ihr Bau die unterschiedlichsten Fähigkeiten eines Kindes schult. Im Folgenden habe ich ein paar Basteleien zusammengestellt, die allesamt ohne großen Aufwand auch mit ungeübten Händen bewältigt werden können. Dazu ist nicht einmal viel Geld nötig, sondern lediglich etwas Phantasie.
Die einzige Voraussetzung für die Basteleien ist ein Anlagenbrett. Wenn nur wenig Platz zur Verfügung steht, helfen vielleicht die Anregungen aus Kapitel 8 weiter, auf dem sich die Kinder austoben können. Oder möglicherweise ist auch ein Bahnhofsbrett, wie in Kapitel 5 beschrieben, ein erster Einstieg, mit dem die Kinder ihre ersten Basteleien machen können. In Kapitel 6 wurde bereits der einfache Bau einer kleinen Anlage auf einer Grundplatte beschrieben. Aber natürlich kann man die Basteleien einfach auch nur am Küchentisch machen. Die Kinder können ihre Bastelergebnisse aufheben und irgendwann auf einer Anlage einbauen. Eine gangbare Lösung ist es auch, die Kinderbasteleien auf der eventuell vorhandenen Anlage der Erwachsenen aufzustellen. Warum nicht einmal den superdetaillierten Luxuszug von Papa um einen Pappmascheeberg des Juniors kreisen lassen?

Der Bastelspaß beginnt

Das Tolle an einer Modelleisenbahn ist, dass du unheimlich viel selbst bauen kannst. Du kannst dabei deiner Phantasie freien Lauf lassen. Das macht riesig Spaß. Manches mag vielleicht zunächst etwas schwierig erscheinen. Aber du solltest es unbedingt ausprobieren, mal selber etwas zu basteln.

Natürlich kannst du beinahe alles, was eine Modellbahn schöner macht, auch beim Fachhändler kaufen. Aber es macht einfach mehr Spaß, etwas selber zu entwerfen. Und Geld sparst du dabei auch noch. Geld, das du vielleicht für den Kauf eines neuen Waggons verwenden kannst.

An die Pinsel, fertig, los: Wir malen einen Hintergrund

Wenn du dir eine Modellbahnanlage betrachtest, so besitzt sie als Hintergrund zumeist ein großes Bild einer Landschaft oder einer Stadt. Es gibt auch Anlagen, die einen rein weißen Hintergrund haben. Wo ein solcher Abschluss fehlt und man die bunte Tapete oder die Holzlatten an der Wand sehen kann, geht die schöne Wirkung einer Modellbahn rasch flöten. Dabei ist ein Hintergrund ganz einfach und schnell gemacht.

Dieser Hintergrund entstand mit etwas weißer Fassadenfarbe und einigen blauen Pinselstrichen auf einer Styroporplatte, die einfach an die Wand geklebt wurde.

Sicher gibt es bei euch zuhause noch ein Stück Tapete. Die muss so lang wie die hintere Kante deiner Anlage sein. In der Höhe kannst du die Tapete so abschneiden, wie es dir gefällt. Dann nimmst du einen Pinsel und Wasserfarben sowie ein Glas Wasser. So, und schon kannst du beginnen, eine Landschaft aufzumalen.
Du könntest links hinten einen dunkelgrünen Wald darstellen. In der Mitte eine grüne Hügelkette, durch die ein blauer Bach fließt. Rechts steht vielleicht eine trutzige Burg auf einem Felsvorsprung. Da kannst du deiner Phantasie freien Lauf lassen und all das malen, was du willst. Aber vielleicht magst du lieber eine Stadt mit vielen Häusern und Türmen malen? Viel Spaß dabei!
Wenn dein Hintergrund fertig ist, lass ihn gut trocknen. Wenn deine Eisenbahnanlage an der Wand steht, kannst du deinen Hintergrund mit Reißzwecken an der Wand befestigen. Schwieriger wird es, wenn deine Bahn mitten im Zimmer steht. Da hilft ein stärkerer, nicht abknickender Karton. Darauf klebst du deinen Hintergrund auf. Den Karton kannst du dann am Anlagenbrett mit Reißzwecken festmachen. Der starre Karton verhindert das Einknicken des Hintergrunds. Aber natürlich ist es nicht verboten, sich von Erwachsenen helfen zu lassen. Die können dir vielleicht eine richtige Holzhalterung bauen.
Wenn du dir jetzt deine Anlage betrachtest, schließt sie mit einem tollen Hintergrund ab.

Schmutz, Sifft und Dreck: Verschönerung der Gleise

Wenn du auf dem Bahnhof bist, dann schau doch einmal auf die Gleisanlagen. Sicher wirst du sofort merken, dass die Schienen und der Schotter nicht so aussehen, wie deine Gleise zuhause. Die Gleise sind rostrot, nur die Oberseite der Schienen ist blankgefahren. Auch der Schotter erscheint an einigen Stellen braunrot.

Wenn du dann aber mal eine Schienenstrecke draußen außerhalb des Bahnhofs anschaust, dann fällt dir sicherlich auf, dass die Gleise jetzt eher grau aussehen. Der Schotter hat außerhalb des Bahnhofs ebenfalls eine graue Farbgebung. Das liegt daran, dass auf solchen Streckenabschnitten weniger gebremst werden muss als im Bahnhof. Natürlich tragen hier auch Regen und Schnee zum Rosten der Gleise bei. Doch die mit hohem Tempo darüber rollenden Fahrzeuge schleudern den Rost auf der Schienenoberfläche schnell wieder weg.

Der Bettungskörper dieses Gleises wurde mit braunen und grauen Wasserfarben, denen der im Text erwähnte Tropfen Spülmittel beigemischt wurde, bemalt. Zum Schluss wurde noch mit einem fast trockenen Pinsel und ganz wenig weißer Wasserfarbe über die Schotterimitation gewischt. Das hebt Details heraus.

Damit dein Gleis zuhause auch so aussieht wie in der Wirklichkeit, kannst du es mit Farben verschönern. Man sagt dazu auch patinieren. Dazu brauchst du einen größeren Pinsel, ein Glas Wasser und Wasserfarben sowie einen Tropfen Spülmittel. Natürlich solltest du die Umgebung gut abdecken, damit nicht Möbel oder der Teppich Farbe abkriegen. Der Vorteil der Wasserfarben ist, dass man sie mit Wasser leicht wieder abwaschen kann. Wenn dir dein Verwitterungsergebnis nicht gefällt, kannst du die Wasserfarbe rasch wieder abwaschen.

Damit die Wasserfarbe beim Auftragen auf die Kunststoffbettungen und deine Gleise nicht abperlt, gib einfach einen Tropfen Spülmittel in das Wasserglas. Wenn du den Pinsel in dem Wasserglas nass machst, nimmt er etwas von dem Spülmittel auf. Man sagt dann, das Spülmittel »entspannt« das Wasser und es perlt auf Kunststoff nicht mehr so leicht ab. Es ist nicht wichtig, dass die Farbe gleichmäßig auf den Gleisstücken verteilt wird. In der Wirklichkeit sieht es auch nicht so aus. Mische besser mehrere Farbtöne untereinander. Oder arbeite sie in nassem Zustand auf dem Gleis ineinander. Man sagt dann »die Farben nass-in-nass-arbeiten« dazu, Das ergibt ganz weiche Übergänge und sieht toll aus.

Aufpassen solltest du aber bei den Weichen oder Entkupplungsgleisen. Damit diese Funktionsgleise nicht behindert werden, etwa indem du zuviel Farbe aufträgst und damit die Weiche festklebst. Hier malst du am besten ganz vorsichtig und verwendest die Farbe nur ganz sparsam. Dann solltest du warten, bis die Farbe ganz trocken ist. Abschließend reinigst du die Schienenoberfläche und die Punktkontakte beim Märklingleis. Denn wenn du die Farbe auf den Schienenoberflächen und Punktkontakten belässt, kann dies die Übertragung des Stroms verhindern und die Lok bleibt stehen. Und das ist dann ärgerlich.

Felsen

Was in der Natur überall vorkommt, sind Felsen. Es gibt sie in den unterschiedlichsten Formen und Farben. Natürlich gehören sie auch auf deine Eisenbahnanlage.

Was für den Muskelprotz: Der Steingarten

Am einfachsten ist es, dass du dich einfach draußen umschaust. Wie du siehst, ist die Beschäftigung mit einer Modellbahnanlage eine spannende Sache. Wenn du die Natur aufmerksam betrachtest, so bekommst du viele Anregungen, die du zuhause auf deiner Anlage vielleicht nachgestalten möchtest. Bei Spaziergängen mit den Eltern kann man sich viele tolle Ideen holen. Vielleicht hat dir ja die kleine Holzbrücke über den Fluss so gut gefallen, dass du sie nachbauen möchtest. Oder die Burgruine auf dem steilen Felsen findest du toll, sodass du sie auch nachbauen möchtest.

Bei Spaziergängen kannst du dich mit richtigen Steinen versorgen. Zuhause angekommen musst du sie zunächst waschen und kannst sie dann auf deiner Eisenbahnanlage aufstellen. Natürlich solltest du nicht zu viele Steine mitnehmen. Das kann leicht zu schwer werden, und am Ende bricht noch deine Anlage zusammen. Wenn du magst, kannst du natürlich auch die Steine noch anmalen. Dafür eignen sich Wasserfarben.

Leicht und billig – Berge aus Pappmaschee

Dies ist eine einfache Methode, um zu leichtgewichtigen Bergen zu kommen. Alles was du dazu brauchst, sind alte Zeitungen, Tapetenkleister, einen großen Eimer und Plakafarben zum Bemalen. Sammle ein paar Zeitungen und zerreiße sie in kleine, etwa briefmarkengroße Schnipsel. In einem Eimer rührst du etwas Tapetenkleister an. Da können dir die Erwachsenen helfen. Es ist aber ganz einfach: Das Pulver kommt in den Eimer und die richtige Menge Wasser (wieviel, das steht auf der Kleisterpackung) dazu, umrühren, etwas warten und nochmal umrühren. Fertig! Die Papierschnipsel schüttest du jetzt in den Eimer mit dem Kleister. Dann mischst du das Papier mit dem Kleister. Und zwar solange, bis eine zähe, dickflüssige Masse entstanden ist. Das ist dann Pappmaschee. Und mit dieser Masse kannst du nun ganz einfach Berge und Hügel formen. Für einen höheren Berg brauchst du aber ganz schön viel Pappmaschee.

Einfacher geht es, wenn du für deinen Berg einen Unterbau vorsiehst. Das kann ein Schuhkarton oder auch ein Eierkarton sein. Darüber breitest du Küchenpapier aus. Das sorgt für weiche Übergänge. Das Küchenpapier feuchtest du mit einer Blumenspritze an. Dann verbindet es sich mit dem Pappmaschee besser. Darauf verteilst du dann das Pappmaschee, streichst es schön glatt und lässt es trocknen. Am nächsten Tag kannst du es dann bemalen. Wasserfarben eignen sich hierfür aber nicht, da sie zu wenig decken und das Zeitungspapier immer noch durchschimmert. Besser dafür geeignet ist Plakafarbe. Die deckt gut und lässt sich leicht verarbeiten.

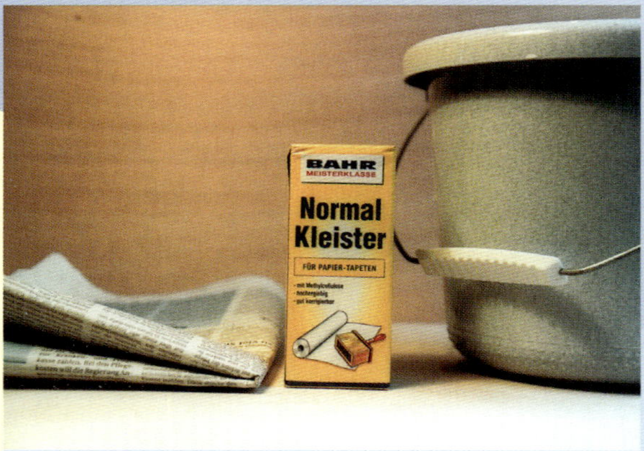

Alte Zeitungen, Kleister und ein Eimer mit etwas Wasser sind die Zutaten für den Pappmascheeberg. Der Vorteil eines solchen Hügels sind seine geringen Kosten und einfache Herstellbarkeit.

Matsch für einen guten Zweck: Gips

Der Unterschied zwischen einem Pappmascheeberg (links) und einem mit Gips modellierten Felsstück (rechts) ist kaum auszumachen. Mit steingrauer Farbe bemalt, sieht das ganze recht gut aus.

Die besten Berge gelingen natürlich mit Gips. Das ist ein in Wasser eingerührtes weißes Pulver, mit dem man Bohrlöcher oder Risse in den Wänden ausbessert. Aber Vorsicht: Beim Verarbeiten hinterlässt Gips ziemlichen Schmutz. In jedem Fall solltest du die unmittelbare Umgebung gut und wasserdicht abdecken. Denn Gips macht hässliche Flecken in den Teppich.

Aber vielleicht kann dir ja ein Erwachsener zeigen, wie man mit Gips modelliert. Es gibt dazu besonderen Modellbaugips. Der bleibt eine lange Zeit weich und geschmeidig. Anderer Gips härtet sehr schnell aus. Dann kann man ihn nicht mehr für unsere Zwecke brauchen.

Modellbaugips wird, wie auf der Packung beschrieben, mit Wasser angerührt. Und zwar so lange, bis er sich wie Grießbrei anfühlt. Dann wird die Masse mit einem Spachtel aufgetragen. Da er schwer ist, benötigt man einen stabilen Untergrund, doch ein Schuhkarton als Basis genügt sicher. Einen guten Untergrund stellt ein altes Leintuch oder ein nicht mehr benötigtes Betttuch dar. Du breitest es aus. Nun kannst du ein Gelände formen. Wo es höher sein soll, legst du etwas Geeignetes unter das Tuch. Zum Beispiel einen Karton oder ein Papierknäuel. Das alles befeuchtest du mit einer Blumenspritze. Dadurch verbindet sich später der Gips besser mit dem Untergrund. Auf den feuchten Untergrund trägst du den Modellbaugips auf. Du solltest darauf achten, dass die Gipsmasse nicht zu dick ist. Denn sonst reißt der Gips beim Trocknen. Lieber langsam und bedächtig Schicht auf Schicht auftragen. Wenn alles gut getrocknet ist, kannst du den Gips anmalen. Wasserfarben eignen sich dafür, decken jedoch nicht so gut. Plakafarben sind sehr empfehlenswert. Solch eine Gipslandschaft ist sehr widerstandfähig und hält beinahe ewig. Allerdings lässt sie sich nicht leicht verändern.

Grau und schwarz: Straßen

Natürlich gehören auch Straßen zu einer richtigen Modellbahnanlage dazu. Am einfachsten kannst du sie mit Wasserfarben nachahmen. Dazu malst du einfach auf die Anlage in Grau den Straßenverlauf. Achte darauf, dass die Straße breit genug für deine Autos ist. Schließlich sollen die Fahrzeuge ja auch durch die Kurven kommen können. Vor dem Bahnhof malst du Parkplätze und Bushaltestellen auf. Mit weißer Farbe kannst du die Mittelstreifen aufmalen und die Parkplätze markieren.

Eine Straße sieht am besten aus, wenn du sie hellgrau bemalst. Hier fährt gerade eine Zugmaschine mit einem Waggon auf einem so genannten Straßenroller, Culemeyer genannt, darüber.

Eine schöne glatte Fahrbahn erhältst du, wenn du festes Zeichenpapier verwendest. Du schneidest aus dem Papier die gewünschte Straßenform aus und klebst sie auf die Anlage. Mit grauer Farbe gibst du dem Ganzen den letzten Schliff.

Im Fachhandel gibt es fertige Straßen auf verschiedenen Kunststofffolien zukaufen. Aber das Selbermachen macht entschieden mehr Spaß. Ganz toll sehen Verkehrsschilder aus. Die kannst du selber bauen. Dazu brauchst du nicht zu weit abgebrannte Streichhölzchen. Geeignete Verkehrsschilder finden sich in Jahreskalendern oder in Auto-Zeitschriften. Frage einfach deine Eltern, die können dir sicher weiterhelfen. Du schneidest die Schilder aus und klebst sie auf die Streichhölzchen. Dann klebst du das ganze Verkehrsschild am Straßenrand fest.

Es grünt so grün: Gras und Bäume

Der schnellste und einfachste Weg, deine Anlage mit Boden zu versehen, ist es, die Pappmaschee- oder auch Gipslandschaft grün anzumalen.

Es gibt im Modellbahnladen so genannte Grasmatten. Auf einem stabilen Papierträgermaterial sind Grasfasern aufgebracht. Das sieht täuschend echt aus. Denn die Grasfasern stehen fast senkrecht vom Boden ab. Diese Matten sind leider nicht ganz billig.

Preiswerter ist folgende Methode: Im Fachhandel gibt es Modell-Grasfasern auch in der Tüte zu kaufen. Dazu brauchst du noch Tapetenkleister, einen flachen Pinsel, ein altes, nicht zu grobmaschiges Sieb und einen alten Kochlöffel. Zuerst rührst du den Tapetenkleister an. Dann streichst du mit dem Pinsel eine Stelle auf deiner Landschaft ein, die du begrünen willst. Da schüttest du eine Handvoll Grasfasern in das Sieb und streichst sie mit dem Kochlöffel hindurch. Halte das Sieb möglichst hoch über die eingekleisterte Fläche. Durch das Hindurchstreichen der Fasern hast du sie elektrisch aufgeladen. Daher fallen sie senkrecht herab und treffen in genau dem gewünschten Zustand auf das Kleisterbett. Dort bleiben sie aufrecht festgeklebt stehen. In der Weise kannst du mit deiner ganzen Anlage verfahren.

Es gibt die unterschiedlichsten Grasfasern in den verschiedensten Farben. Damit kannst du Wiesen und Äcker, Felder und Sümpfe täuschend echt darstellen.

Allerdings solltest du Weichen und Funktionsgleise abdecken. Denn ansonsten rie-

Die Grasfasern werden durch ein altes Teesieb gestrichen. Dabei fallen sie fast senkrecht auf das mit Kleister bestrichene Stück Landschaft.

Bäumchen aus Islandmoos sind preiswert und sehr einfach herzustellen. Sie überzeugen durch ihre Optik. Das Sammeln der Ästchen im Wald kann eine Familie den ganzen Sonntagnachmittag beschäftigen.

Für diesen kleinen Baum wurde ein gut getrocknetes und mit Leim bestrichenes Ästchen in fein zerriebenes Laub vom letzten Herbst getaucht.

Diese Bäume entstanden aus Sägemehl. Es wird mit grüner Farbe, zum Beispiel Abtönfarbe, vermischt. Das Ganze wird dann auf einem Zeitungspapier getrocknet. Dann mischst du es mit Holzleim und bildest einen Klumpen wie auf dem Foto. Den steckst du dann sofort an den Baumstamm, das kann zum Beispiel ein Schaschlikspießchen sein.

seln Grasfasern in den Antrieb der Weiche und könnten sie blockieren, zumindest aber behindern.

Bäume kannst du ganz einfach selber bauen. Dazu suchst du dir kleine Ästchen zusammen. Diese trocknest du dann gut. Das ist wichtig, damit sie nicht schimmeln. Dann gibt es zwei Möglichkeiten: Bei Gärtnern bekommst du so genanntes Islandmoos, dass es auch im Bastelladen oder beim Modellbahnladen gibt.

Du streichst eines der gesammelten Ästchen mit Klebstoff ein. Dann steckst du Islandmoos an die Ästchen. Anschließend lässt du alles gut trocknen. Schon ist dein erstes Bäumchen fertig. Du kannst dabei unterschiedlich große Bäume herstellen. Wenn du deine Bäume dann aufstellen willst, kannst du sie festkleben oder ein Loch in die Grundplatte deiner Anlage bohren und sie dann da hineinstecken.

Hier kommt noch eine andere Möglichkeit, um Bäume zu bauen. Dafür muss es aber Herbst sein. Sammle einige fein verzweigte Ästchen und trockne sie. Als nächstes sammelst du ganz trockenes Laub, das schon leicht zerfällt. Lege das Laub in einen Eimer. Danach zerreibst du das Laub, bis es ganz fein ist. Nimm dann die fein verzweigten Ästchen und bestreiche sie mit Kleber. Das Ganze tauchst du in die zerriebenen Blätter. Das Zerriebene bleibt an den Ästchen kleben. Durch die vielen Zweige bleibt viel an den Ästchen haften. Das sieht wie ein Baum mit vielen Blättern aus.

Kleiner Architekt ganz groß: Häuser selbst gebaut

Zu den wichtigsten Dingen auf einer Modellbahn gehören natürlich Häuser. Am einfachsten kannst du sie selber bauen. Dazu brauchst du Tonzeichenpapier, Klebstoff, eine Schere, ein Lineal und Buntstifte.

Das Schwierige daran ist, dass du das Haus in aufgeklapptem Zustand auf das Papier malst. Die Bilder zeigen dir, wie es geht. Das kann man nur schwer beschreiben. Danach wird alles ausgeschnitten und zusammengeklappt und verklebt. Schon ist der Rohbau fertig.

Das Dach wird genau so hergestellt. Du musst bei den Maßen nur aufpassen, dass alles zusammenpasst. Damit hast du dein erstes Haus selbst gebaut. Nun kannst du die aufregendsten Gebäude herstellen. Den letzten Schliff gibst du deinen Häusern, indem du sie mit Buntstiften bemalst. Beispielsweise mit einer Uhr oder Fenstern.

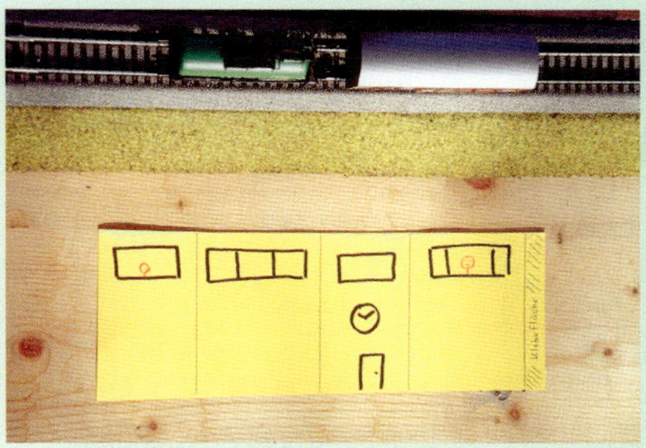

Abbildungen von oben nach unten:

- **Wie auf dem Foto zu sehen, malst du auf einen festeren Bastelkarton Linien, die die Hausecken darstellen. An diesen Linien wird das Haus dann gefaltet. Du musst beim Aufmalen der Linien allerdings berücksichtigen, dass an einem Haus immer zwei Seiten gleich lang sind.**
- **Nun wird entlang der Linien gefalzt. Daraus entsteht schon ein Haus. Auf die gekennzeichnete Fläche trägst du etwas Kleber auf und klebst die Seiten zusammen.**
- **Abschließend klebst du noch ein Dach, das in einer anderen Farbe entstanden ist, auf und schon ist das Stellwerk fertig.**
- **Diese Gebäude aus Bastelkarton haben Franziska und Alexander gebaut. Das grüne Häuschen stellt ein Stellwerk dar, das rote hat eine Kirche zum Vorbild.**

Diese Ladung entstand an einem Sonntagnachmittag nach einem Spaziergang im Wald. Verschiedene trockene Ästchen wurden auf gleiche Länge geschnitten und zusammengeklebt.

Für solch eine Rundholzladung nimmst du Schaschlikspießchen, schneidest sie zurecht und klebst sie, wie im Bild zu sehen, zusammen.

Für diese Holzstapel wurden verschiedene dünne Brettchen zurechtgeschnitten und zusammengeklebt. Die verschiedenen Distanzhölzchen zwischen den Lagen machen den guten Eindruck aus.

Lademeister, bitte melden: Waggonbeladungen

Zu den spannendsten Beschäftigungen mit der Modellbahn gehört sicherlich das Beladen der Waggons. Denn eine Eisenbahn hat ja eine Transportaufgabe zu leisten.

Natürlich kannst du allerlei Fertigwaren transportieren. Dazu gehören Gummibären, Smarties und Rosinen. Logisch gehören auch Autos, Figuren oder Yu-Gi-Oh-Monster auf oder in die Waggons. Da musst du aber nichts selber bauen. Interessant wird es, wenn du eigene Ideen umsetzen willst. Wenn du mal auf dem Bahnhof bist, beobachte mal die Güterzüge. Die haben die tollsten Beladungen.

Wieder zuhause versuche doch mal ein paar Beladungen zu gestalten. Zum Beispiel eine Holzladung. Dazu suchst du dir draußen ein paar Ästchen zusammen. Sie sollten möglichst gerade sein. Dann trocknest du sie sorgfältig. Nun kannst du dir überlegen, auf welchen Waggon sie verladen werden sollen. Dann passt du die Länge der Ästchen an den ausgewählten Wagen an. Zum Schluss klebst du die Ästchen vorsichtig untereinander fest, denn sonst verrutschen sie in Kurven oder beim Bremsen.

Leicht zu bauen ist eine Rohrladung. Dafür nimmst du einfache Trinkhalme. Die gibt es in einer dünnen und in einer dickeren Ausführung. Überlege dir zuvor, auf welchen Waggon du die Rohre verladen willst. Dann schneidest du die Trinkhalme in der benötigten Länge ab, sodass sie auf den Waggon passen. Mit Klebstoff klebst du die Trinkhalme zusammen,

sodass ein ganzes Bündel an Rohren entsteht. Abschließend kannst du sich noch bemalen. Zum Beispiel mit Grau, Rostbraun oder Schwarz. Dafür nimmst du Plakatfarbe mit einem Spritzer Spülmittel.
Eine andere Möglichkeit ist die Nachbildung von Zuckerrüben. Dazu nimmst du Sesamkörner oder Hirsekörner. Achte darauf, dass die Körner trocken sind. Dann überlegst du dir, in welchen Wagen du die Körner verladen willst. Jetzt nimmst du etwas Styropor und schnitzt einen passenden Einsatz für den Waggon. Der Einsatz sollte etwas niedriger als die Wagenwände sein. Den Einsatz kannst du an der Oberseite mit Schüttkegeln versehen. Dann sieht es aus wie in echt. Dazu schnitzt du in das weiche Styropor einfach die gewünschten Formen ein. Nun bemalst du den Einsatz in einer Farbe, die den Sesam- oder Hirsekörnern entspricht. Auf diese Weise fällt der Einsatz unter den Körnern nicht auf. Nun bestreichst du den Einsatz mit Holzleim und streust die Körner hinein. Alles schön andrücken und trocknen lassen. Am nächsten Tag kannst du den Einsatz in den Waggon stecken. Und die erste Fahrt des Zuckerrübenwagens kann beginnen.
Natürlich kannst du die Körner auch einfach so in den Waggon schütten. Dann hast du aber nichts gebastelt. Um die Körner wieder auszuladen, musst du den Waggon hochheben und umdrehen. Das ist doch sehr unpraktisch. Mit einem solchen Einsatz macht es viel mehr Spaß seine Wagen zu beladen oder die Waren umzuladen.
Du könntest versuchen, verschiedene Beladungseinsätze zu bauen. Am besten wäre es, wenn sie in unterschiedliche Waggons passen.

Für diese Waggonbeladung wurden einfach nur Trinkhalme zusammengeklebt.

Im linken Waggon wurden Hirsekörner auf einen geschnitzten und gelb bemalten Styroporklotz geleimt. Das sieht sehr überzeugend aus, denn die Schüttkegel sind deutlich zu sehen. Im rechten Waggon liegen Hirsekörner eines anderen Anbieters, sie sehen deshalb etwas anders aus.

Keuchend schaufelt der Arbeiter Leinsaat in den Waggon. Aber einfach so reingeschüttet sieht das Ladegut nicht sehr überzeugend, sondern langweilig aus.

Was man vermeiden sollte

In der Küche und der Wohnung gibt es vielerlei Dinge, die man auf der Eisenbahn verwenden kann. Doch nicht immer sind die Folgen gleich abzusehen. Hier ein paar Tipps, was du vermeiden solltest:

Flüssiges und Klebriges

Natürlich möchtest du möglichst viel mit deiner Eisenbahn transportieren. Und in der Küche findest du einen Haufen toller Sachen, die man prima verladen kann. Nicht dazu verwenden solltest du Flüssiges und Klebriges. Limonade, Milch und Honig gehören in den Magen und nicht in die Wagen.

Die Sache mit den Ameisen

Es gibt erwachsene Modellbahner, die verwenden Zucker für ihre Eisenbahn. Es gibt weißen und braunen Zucker. Den weißen verladen sie in offenen Waggons, denn er sieht als Beladung schon ganz toll aus. Den braunen Zucker nehmen sie zum Einschottern ihrer Gleise, denn er wirkt wie Schotter der großen Eisenbahn. Die Modellbahner müssen nur einen Tropfen Wasser über den braunen Zucker geben, schon klebt das Ganze hervorragend und verbindet sich mit den Gleisen zu einer festen Einheit.

Ich möchte dir das jedoch nicht empfehlen. Denn so eine klebrige Pampe bleibt überall kleben. Zudem kann der Zucker Ameisen oder andere kleine Tierchen anlocken. Denn denen schmeckt das ganz besonders gut. Und wenn die Ameisen erst mal da sind, lassen sie sich nur ganz schwer wieder vertreiben. Zucker solltest du auf deiner Eisenbahn nicht verwenden. Er gehört in die Milch oder den Tee, aber nicht in deine offenen Eisenbahnwaggons.

In der Küche findest du eine Menge Dinge, mit denen zu spielen verlockend ist. Aber nicht immer sind Lebensmittel unbedenkliche Spielsachen.

Von allerlei Schimmligem

Zweifelsohne sieht Kaffeesatz als Ladegut, als Schottermaterial oder als Erde schon ganz gut aus. Bitte achte dabei aber darauf, dass er ganz trocken ist. Denn sollte er noch etwas feucht sein, so kann er schimmeln und irgendwann übel zu stinken beginnen. Da fällt mir eine Geschichte ein. Vor einigen Jahren, als ich bei einer Modellbahnzeitschrift gearbeitet habe, gehörte es zu meinen Aufgaben, Modellbahnneuheiten im Heft vorzustellen. Dabei bekam ich einmal ein Päckchen eines Beladungsherstellers. Dieser Mann baute also besondere Waggonbeladungen für Modellbahner. Interessiert öffnete ich das Päckchen. Heraus kam eine Klarsichtdose, in der etwas Weißes war. Als ich die Dose öffnete, sprang mit ein feines Schimmelgespinst entgegen. Darunter lag ein Waggon mit einer Holzbeladung. Doch die war verschimmelt. Der Hersteller hatte eine feine Beladung hergestellt, aber vergessen, das Holz ausreichend zu trocknen. Er verpackte den Wagen mit den Hölzern in noch feuchtem Zustand. Und bis das Fahrzeug bei mir auf dem Tisch lag, war das Holz verschimmelt. Also bei allem aus der Küche, das du auf deiner Anlage verwenden möchtest, achte darauf, dass es absolut trocken ist.

Wenn du Schnee darstellen willst, solltest du weder Mehl noch Scheuerpulver verwenden. Das Mehl ist so feinkörnig, dass es in das Getriebe deiner Lok eindringen kann und es beschädigt. Zudem können sich in ihm Bakterien bilden. Das Scheuerpulver riecht vielleicht gut, es ist aber ätzend und damit gefährlich. Es mag auch wie Schnee aussehen. Es nimmt aber mit der Zeit Feuchtigkeit aus der Luft auf. Dann beginnt es auf den Gleisen festzukleben. Das Zeug kriegst du dann kaum mehr weg. Am besten du lässt die Finger von solchen Sachen.

Kaffeesatz gibt es zwar reichlich in der Küche, doch er ist zum Spielen und Basteln nicht unbedingt empfehlenswert. Solange er feucht ist, kann er schimmeln und Bakterien fühlen sich auch wohl in ihm.

Wenn du Hölzchen aus dem Garten oder Wald sammelst, um daraus Waggonbeladungen zu basteln, achte darauf, dass alles gut trocken ist, denn ansonsten kann es schimmeln.

Mit Mehl solltest du nicht arbeiten. Es lockt Ungeziefer an und kann, wenn es feucht wird, schimmeln und schließlich ziemlich stinken.

Zeitschriften

Wer ein Hobby richtig pflegt, der möchte natürlich auch aktuell informiert werden. Etwa über Neuheiten auf dem Modellbahnsektor oder über Vorgänge beim Vorbild. Unter den vielen Modellbahnzeitschriften findet wohl jeder Eisenbahnfan etwas für seinen Geschmack.

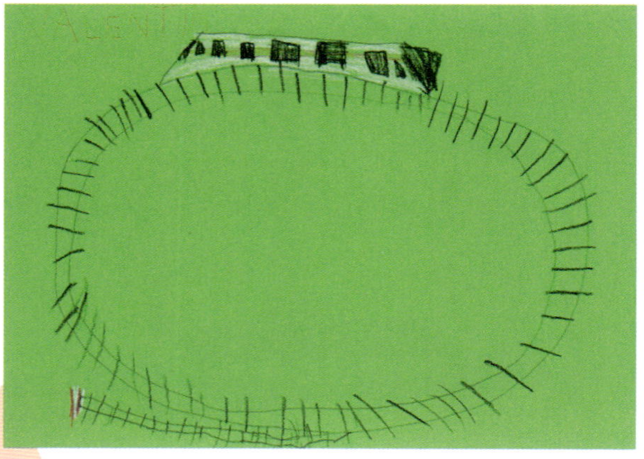

Die Eisenbahn bleibt auch in den Zeichnungen der Kinder präsent. Hier das Bild von Valentin, den das Spiel mit dem Modell-ICE zu dieser erstaunlichen Darstellung inspirierte. Man beachte das kleine Abstellgleis links unten. Offenbar ist hier ein ausgesprochen weitsichtiger Modellbahner am Werk gewesen.

Was man dort jedoch vergebens sucht, sind Beiträge speziell für Kinder, den Modellbahnnachwuchs also. Zugegeben, auch diese Postillen müssen Umsatz machen, die Leser wollen adäquate, möglichst genau auf ihren Interessenschwerpunkt zugeschnittene Beiträge. Wer kann sich da schon um die »paar Kinder« kümmern?

Ich habe mir mal die Mühe gemacht und mit einigen Kindern ein paar Zeitschriften durchgeblättert. Die vielen bunten Bilder fand man »stark«, bisweilen sogar »cool«. Anlagenbeiträge mit vielen Fotos stießen auf viel Interesse, denn »da kann man viel lernen« und so etwas »macht Lust, mal selber was zu bauen«. Beklagt wurde dabei aber die Fixierung auf die Dampflokära, also die Epoche 3. »Ich kenne Dampfloks nicht, deshalb interessieren sie mich auch nicht!«, meinte Alexander, 10, und Franziska, 9, ergänzte: »Mich interessieren die roten Loks! Aber da gibt's im Heft ja so wenig zu sehen.«

Es stimmt schon, in den Zeitschriften sind Anlagen, die sich mit der Zeit vor 1970 – also im wesentlich der Epoche 3 – beschäftigen, stark vertreten. Ist ja auch logisch, die meisten Leser widmen sich dieser abwechslungsreichen und vom möglichen Fahrzeugeinsatz spannendsten Epoche. Doch Kinder erreiche ich damit nicht. Die wollen ihre Epoche 5, die Epoche ihrer Gegenwart sehen. Denn deren Fahrzeuge kennen sie aus eigener Anschauung.

Erinnern wir uns an das eingangs erwähnte Beispiel mit König Ludwig I. von Bayern, den die Miniatureisenbahn im Nymphenburger Schlosspark nicht begeistern konnte, weil er sie nicht kannte. So ist es auch hier: Dampfloks und alte E-Loks kennen die Kleinen kaum, das Spiel mit etwas völlig Unbekanntem ist deshalb auch eher uninteressant. Beiträge über Anlagen mit Fotos von modernem Fahrzeugmaterial fesselte die Probanden dagegen wesentlich mehr. Also, warum nicht mal ein Beitrag speziell für Kinder über eine Anlage der Epoche 5? Ein Versuch ist es doch wert.

Apropos Versuch, eine gute Idee hatte die Redaktion von Bahn & Modell im Oktober 1989[1]. Die Zeitschrift initiierte einen Malwettbewerb nur für Kinder.

[1] Kinder, Kinder ... Jetzt geht's los, in: Bahn & Modell 10 (1989), 3. Jg., S. 7.

Aufgabe war es, Malvorlagen aus dem Bereich Eisenbahn möglichst schön auszumalen. Zu gewinnen gab es verschiedene Buntstiftsets. Nun mag man in typisch deutscher Manier darüber streiten, ob das Ausmalen von Vorlagen kreativ ist. Das finde ich egal. Hauptsache war dabei doch, dass sich Kinder von der Modellbahnpresse angesprochen gefühlt haben. Sie haben in den Heften geblättert, um sich Anregungen zu holen, und haben sie dann in den Malvorlagen umgesetzt. Also, warum macht man das heute nicht auch mal wieder?
Mit meinem Testteam zusammen sind mehrere bunte Bilder – ganz kreativ ohne Malvorlage – entstanden. Dazu wurde Tonzeichenpapier verwendet und mit allerlei Buntstiften irgendwas zum Thema Eisenbahn gemalt. Klar, dass dabei die Allerkleinsten am begeistertsten waren. Herausgekommen sind ein paar, wie ich finde, ganz tolle Bilder, die deshalb hier auch zu sehen sind.

Zeitschriften

Es kann auch mal großen Spaß machen, in eine der vielen Modellbahnzeitschriften zu schauen. Sicher, der Inhalt ist nicht immer leicht zu verstehen. Aber wenn du dir mal die Mühe machst und ein bisschen darin herumliest, kannst du eine Menge über Eisenbahnen und ihre Vorbilder erfahren. Und tolle Fotos gibt's darin auch zu sehen.
Im Anhang habe ich ein paar dieser Zeitschriften aufgeführt. Du kannst sie im Bahnhofszeitschriftenhandel oder beim Modellbahnhändler kaufen. Übrigens haben viele dieser Zeitschriften eine eigene Homepage. Klick sie doch mal an, da kannst du noch mehr erfahren.

Kapitel 8

Lösungen bei wenig Platz – Ausreden gibt's nicht

Gesetzt den Fall, der Nachwuchs begeistert sich für die Modellbahnerei, dann wäre der nächste logische Schritt, ihm die Möglichkeit für eine fest aufgebaute Anlage zu bieten. Das scheitert allerdings oft an mangelndem Platz. Eine fest installierte Anlage nimmt nun einmal recht viel Raum ein. Eine Modellbahn von sagen wir 1 x 2 Metern nimmt sich schon wie die Festtafel für eine kleinere Gesellschaft aus. Ein Zimmer ist dann schon gut belegt. Ein anderes Beispiel: Bei einer fest installierten Anlage könnte ein Kinderzimmer schnell recht eng werden. Und wenn die Kleinen dann toben wollen, steht die Anlagenplatte garantiert im Weg. Schlimmer noch, irgendwann fällt einer der Tobenden dann auch noch auf die Platte drauf, verletzt sich und vieles geht dabei kaputt.
Wie also kann man dem Nachwuchs eine Anlagenfläche bieten, ohne dass das Zimmer für andere Tätigkeiten völlig unbenutzbar wird. Da ist guter Rat teuer. Während meiner Beschäftigung mit modellbahnspielenden Kindern haben sich mehrere praktikable Lösungen herauskristallisiert. Im Folgenden möchte ich ein paar Formen vorstellen, die ohne allzu großes bastlerisches Geschick selbst gebaut werden können. Darüber hinaus belasten sie den Modellbahn-Etat nicht allzu sehr. Sicherlich stellen diese Vorschläge nicht das Non-plus-ultra dar, ich verstehe diese Ideen eher als Anregung für Bastler, die ihren Kindern eine Spielmöglichkeit bieten wollen.

Die Bahn unterm Bett

Da wäre zuerst die Möglichkeit, den oftmals völlig ungenutzten Raum unter einem Bett für eine Modellbahn vorzusehen. Zumeist ist da ja ohnehin nur Platz für

Staub, Krümel und Papierfetzelchen. Unter einem normalen Bett ist es möglich, eine Anlage von etwa 1,8 x 1 Meter unterzubringen, wobei die Maße natürlich je nach Bedarf angepasst werden können. Im Baumarkt oder, wenn man das Glück hat, einen Tischler in der Nähe zu haben, besorgt man sich eine Anlagenplatte aus mindestens acht Millimeter dickem Sperrholz oder Spanplatte. In Hinsicht auf die Verwindungssteifigkeit einer solchen Platte wären jedoch zwölf Millimeter besser. Diese Fläche lässt sich natürlich auch aus einzelnen Segmenten zusammensetzen. Allerdings muss man immer darauf achten, dass eine gewisse Stabilität erreicht wird.

Als nächstes benötigt der Anlagenbauer vier kleine Möbelrollen aus dem Baumarkt wie unten abgebildet. Diese werden an den vier Ecken der Grundplatte angeschraubt. An der Frontseite befestigt er noch einen Griff, mit dem die Kinder später die Anlage herausziehen und wieder zurückschieben können, und unsere Bahn unterm Bett ist im Rohbau fertig.

Solche Möbelrollen unter dem Anlagenbrett gestatten das einfache Herausziehen und Zurückschieben einer kleinen, unter dem Bett angeordneten Modellbahn.

Dieser Vorschlag hat den Vorteil, dass die Anlage bei Nichtgebrauch vollkommen aufgeräumt werden kann. Sie stört z.B. nicht beim Toben oder Spielen der Kinder. Unter dem Bett ist die Modellbahn zudem sicher vor Beschädigungen. Nachteilig ist die Gefahr der Verschmutzung, denn vom Lattenrost und der Matratze rieselt doch im Laufe der Zeit einen Menge Staub auf die Gleise. Aber da kann man den jungen Modellbahner gleich dazu anhalten, öfter mal mit dem Staubsauger tätig zu werden und dabei seine Anlage im Interesse einer kontaktsicheren Bahn abzusaugen. Gegen den Staub hilft außerdem eine Abdeckplane.

Ein weiterer Nachteil ist die relativ geringe Höhe unter den meisten Betten. Das beschränkt die Hochbauten auf ein geringes Maß. Zumeist müssen die Häuschen, Tännchen und Tunnel umgelegt bzw. entfernt werden. Natürlich könnte man in einem weiteren Schritt das Bett erhöhen. Zugegeben, das ist nicht jedermanns Sache. Aber wer es sich zutraut, setzt das Bett des Junior-Modellbahners einfach ein paar Zentimeter höher. Dann steht der nachfolgenden Gestaltung durch die Kinder nichts mehr im Weg. Bei den anfallenden Elektro-Installationsarbeiten können die unvermeidlichen Kabel in den Raum unter dem Grundbrett verlegt werden, wo sie nicht stören. Dort befestigt man sie übersichtlich mit dem Tacker oder mit Schmelzkleber. Professionelle Schwachstromelektriker bändigen die bunten Spaghetti mit Kunststoffkabelschlaufen oder Ähnlichem. Den Trafo oder die in digitalen Systemen notwendigen elektrotechnischen Geräte kann man irgendwo im Vordergrund in einer der ungenutzten Anlagenecken aufstellen.

Der Zug fährt übers Regal

Ein weiterer Nachteil der Anlage unterm Bett ist, dass bei der Betriebsruhe in aufgeräumtem Zustand die Modellbahn den Blicken der Kinder entzogen ist. Doch es ist wichtig, dass die Modellbahn im Kinderzimmer präsent bleibt. Wenn der Nachwuchsmodellbahner seine Fahrzeuge und seine Anlage im Blickfeld haben will, könnte der folgende Vorschlag die Lösung sein: eine festinstallierte kleine Anlage auf einem Regal im Kinderzimmer. Da eine solche Bahn immer im Blickfeld der Kinder ist, gerät sie garantiert nicht so schnell in Vergessenheit und regt durch ihre ständige Präsenz öfter zum Spielen an.

Nachteilig an einer solchen Konzeption ist die geringe Ausdehnung einer solchen Modellbahn. Aber der Platz auf einem Bücherregal oder einem Schränkchen lässt in den meisten Fällen nicht mehr zu. Die Fahrmöglichkeiten sind natürlich ebenfalls sehr bescheiden, man kann halt nur hin- und herfahren. Das ist aber immer noch besser als nichts. Eine solche Regalbahn lässt sich auch auf vier Zentimeter starken Styrodurplatten aufbauen. Das Material ist in Baumärkten erhältlich, leicht und in kleineren Größen verwindungssteif. Damit hat der Nachwuchsmodellbahner eine solide Basis für kleinere Experimente mit der Bahn.

Sehr viel interessanter wird dieser Vorschlag, wenn die ständig aufgebaute Regalanlage sozusagen als Teil einer größeren, wenngleich transportablen Modellbahn fungiert. Die Fahrzeuge ließen sich auf der Regalanlage platzieren, auf diese Weise hat das Kind sie immer schön im Blickfeld. Ab und an wird der größere Anlagenteil aufgestellt und mit dem Regalbrett verbunden, sodass die Loks auf die Anlage rollen können.

Immer an der Wand lang

Eine andere Möglichkeit bietet sich denjenigen, die ein paar Meter freie Wände besitzen. Geeignet sind hierfür nur solche Wände, an denen keine Bilder oder ähnliches hängen. Wenn die Eltern mit dem Nachwuchs Modellbahnspielen wollen, können sie eigens gebaute Anlagenbretter an der Wand befestigen. Die Basis bildet ein Regalsystem, dessen Hauptträger fest mit der Wand verschraubt sind. Die Regalbretter ruhen auf Trägern, die in die Hauptträger eingeschoben werden.

Die Züge sollen auf solchen Regalbrettern fahren. Dazu werden auf einzelnen Brettern, deren Maße von den räumlichen Gegebenheiten und den Möglichkeiten des Regalsystems abhängen, Gleise verlegt und verkabelt. Zum Spielen hängen die Eltern die Bretter auf die Träger des Regalsystems. An den Übergängen sollten sie auf den guten Sitz der Gleise untereinander achten. Werden die einzelnen Anlagenbretter nicht gebraucht, so stapelt man sie auf den einzelnen Trägern des Regalsystems übereinander.

Der Vorzug dieses Konzepts ist es, dass es sehr flexibel und im Prinzip bis zu einer gewaltigen Anlage ausbaubar ist. Die Hauptträger eines solchen Regalsystems fallen in der Wohnung ansonsten nicht auf, vor allem wenn man ihre Lackierung passend zur Wand- oder Tapetenfarbe wählt. Nachteilig ist der schwierige Aufbau einer solchen Anlage, der von Kindern allein wohl nicht erledigt werden kann.

Noch einmal: das Bahnhofsbrett

Das Bahnhofsbrett habe ich bereits zuvor vorgestellt (siehe Seite 74). Zur Erinnerung nochmals kurz seine Wesensmerkmale. Es handelt sich dabei um ein Brett, auf dem Bahnhofsgleise fest installiert sind. An den beiden Bahnhofsköpfen ist es möglich, Gleise anzubauen, sodass ständig unterschiedliche Streckenführungen möglich sind. Gedacht ist diese Konzeption vor allem für Teppichbahner, die bei der Verwendung eines fest aufgebauten Bahnhofs rasch zum Aufbau einer langen Bahnstrecke im Wohn- oder Kinderzimmer kommen können. Ohne sich allzu lange dem Gleisgewirr im Bahnhof widmen zu müssen.
Solch ein Bahnhofsbrett bietet sich als Blickfang im Kinderzimmer an, etwa auf einem Regal. Es ist auch jederzeit schnell wieder weggeräumt.
Eine weitere Möglichkeit des Bahnhofsbretts ist es, mit ihm eine Verbindung zur eventuell vorhandenen Anlage der Eltern herzustellen. Dann spielen die Kinder wirklich mit den Eltern Eisenbahn, was kann man sich denn mehr wüschen? Vom Bahnhofsbrett rollen die Züge der Kinder auf die Modellbahn der Eltern und umgekehrt.

Eine Weihnachtsgeschichte

Philipp war ein siebenjähriger Junge und er lebte zusammen mit seiner vierjährigen Schwester in einer kleinen Stadt. Er war im Sommer in die zweite Schulklasse gekommen. Er fühlte sich schon wie ein Großer. Das Jahr näherte sich langsam seinem Ende. Und irgendwann im November unterhielten sich seine Eltern über Weihnachten. Ein toller Gedanke schoss es Philipp durch den Kopf: »Weihnachten«, dachte er, »das bedeutet Tannenbaum und Lichterglanz, Lebkuchen, Gebäck und Geschenke.« Doch etwas war in diesem Jahr anders: Die Eltern tuschelten viel, wenn er dabei war, und der Vater war oft im Keller.
Die nächsten Wochen wollten nicht vergehen, groß war die Vorfreude auf das Fest. Philipp wollte zusammen mit seiner Schwester eine Krippe bauen. Doch der Vater ließ die Kinder nicht in den Keller und in die Werkstatt. Wenn Philipp Werkzeug brauchte, so brachte es ihm der Vater. Das war normalerweise ganz anders!
Zudem begann die Mutter damit, das Wohnzimmer umzugestalten. Sie räumte eine Ecke frei. »Ganz klar, da soll der Christbaum

Lukas vor dem Weihnachtsbaum. Stolz präsentiert er die rote Diesellok, die das Christkind gebracht hat. Mit solch einer robusten Maschine kann man eigentlich nichts falsch machen, denn sie ist dem rauen Kinderspielbetrieb gewachsen.

hin«, dachte Philipp, machte sich wieder an seinen Laubsägebogen und baute weiter an seiner Krippe.
So kam der erste Advent, das erste Lichtlein brannte am Kranz und die Tuschelei der Erwachsenen nahm noch zu. Eines Abends schlich sich Philipp in den Keller vor die Werkstatttür. Dort hörte er den Vater im Verborgenen werkeln: Er bohrte, sägte und schraubte. Aber was?
Philipp fragte sich so langsam, wie denn die Krippe, die er baute, jemals fertig werden sollte. Denn immer wieder schlich er vor die Werkstatttür, um zu ergründen, was dahinter vor sich ging. Doch er hörte nur immer wieder dieselben Geräusche, aber er konnte nichts genaues erfahren.
Je näher Weihnachten kam, desto merkwürdiger wurde das Verhalten der Erwachsenen, die Geheimniskrämerei begann Philipp zu ärgern und er beschloss, sich gleichgültig zu geben. Doch das schaffte er nicht. Als er die Mutter fragte, was der Vater denn da im Keller mache, erhielt er zur Antwort: »Da musst du dich eben noch etwas gedulden, Philipp.« Eines abends sah er den Vater mit mehreren bunten Kartons in den Keller schleichen. Philipp ging ihm auf Zehenspitzen nach und blieb vor der verschlossenen Werkstatttür stehen und horchte, was drinnen vor sich ging. Ein leises Klicken drang an Philipps Ohr, es folgte ein Surren und Rattern. Und ein merkwürdiger, nie zuvor vernommener Geruch drang in Philipps Nase. Er war ratlos. »Was passiert hier nur?«, fragte er sich. Doch niemand wollte ihm etwas sagen. »Am Heiligen Abend wirst du es erfahren«, sagte der Vater, und die Mutter lächelte vielsagend.
So ging es auf den vierten Adventssonntag zu und Philipp wusste immer noch nicht, was da unten im Keller vor sich ging. Unendlich langsam ging es auf den heiligen Abend zu. Ob die Krippe jemals fertig werden würde? Philipp war nicht so richtig bei der Sache, sägte zwar eifrig die auf das Holz aufgezeichneten Krippenfiguren aus. Doch bei so mancher Figur sägte er etwas zuviel ab.
Endlich war es soweit, der Heilige Abend war da. Philipps Krippe war auch fertig geworden. Zumindest behauptete er das, denn so manche Figur hatte keine Nase mehr. Der Esel besaß keinen Schwanz und der Ochse keine Hörner. Aber Philipp war das nun egal, er wollte endlich wissen, was der Vater da im Keller gemacht hatte. Es ging auf 18 Uhr und die Bescherung nahte. Endlich öffnete Mutter die Tür zum Wohnzimmer. Philipps Blick fiel sofort auf den hell erleuchteten Weihnachtsbaum. Und rund um den Baum war eine elektrische Eisenbahn aufgebaut worden! Auf der linken Seite führte die Strecke durch einen Tunnel, den Vater gebaut haben musste. Dann verschwanden die Gleise hinter den tiefgrünen Zweigen des Tannenbaums. Auf der anderen Seite kamen sie wieder zum Vorschein und führten dann über eine kleine Holzbrücke in den Vordergrund. Dort stand ein kleiner Bahnhof. Und im Bahnhof wartete der ICE. Da, es begann zu piepsen. Aha, die Türen schlossen sich. »Na, was ist, fährst du jetzt los?«, fragte Philipps Vater. Was für eine Frage.

Kapitel 9

Die Bahn ist fertig!

Nun stelle dir einmal vor, du hast auf einem Tisch eine Modellbahn aufgebaut. Der Zug oder die Züge fahren. Die Landschaft hast du auch schon gebaut. Zahlreiche Häuschen stellen eine Stadt dar. Was könntest du jetzt machen? Nun, da gibt es mehrere Möglichkeiten. Vielleicht hast du Lust, deine Landschaft noch zu verbessern. Mit Manchem bist du vielleicht nicht so zufrieden und möchtest es besser bauen. Dann aber kann es mit dem Fahren auf der Modellbahn richtig losgehen.

Wir bilden einen Zug

Viel Spaß macht der Transport mit der Eisenbahn. Bei einer Modellbahn ist das genauso. Wenn du wie das Vorbild mit deiner Modelleisenbahn eine Stadt mit allerlei Lebensmitteln und anderen Gütern versorgen willst, musst du dir Gedanken machen. Zunächst einmal überlegst du dir, welche Güter deine Stadt benötigt. Also, da gibt es erst mal eine Fabrik. Die baut z. B. Fahrräder.

Was braucht so eine Fabrik? Metall, Gummi und ein paar Kleinteile. Dafür brauchst du einen gedeckten Güterwagen. Für die Farbe, mit denen die Fahrräder lackiert werden, kannst du einen Kesselwagen nehmen. Die Maschinen der Fahrradfabrik brauchen Öl. Das lieferst du ebenfalls mit Kesselwagen an. Damit keiner der Arbeiter friert, bringst du in einem offenen Waggon Kohle vorbei. Aber jetzt haben die Arbeiter Hunger und Durst. Mit einem Kühlwagen lieferst du Getränke und Lebensmittel. Und jetzt ist zu allem Überfluss eine Maschine kaputtgegangen. Die neue kommt per Bahn auf einem Rungenwaggon. Das kannst du mit ein paar Lego-Steinen unter einem Tempo-Taschentuch darstellen. Wer weiß schon, wie eine Fahrradfabrik-Maschine aussieht? So, und jetzt schau dir mal deinen Güterzug für die Fahrradfabrik an. Da sind schon sechs Wagen beisammen. Und das ist nur das, was die Fahrradfabrik benötigt.

So sieht der Zug für unsere Fahrradfabrik aus. In voller Fahrt donnert er gerade durch einen kleinen Fachwerk-Bahnhof. Gleich erreicht er die Fabrikanlagen, wo er rangiert und ausgeladen wird.

All das, was diese Fabrik herstellt, muss natürlich auch wieder weggefahren werden. Das heißt, die fertigen Fahrräder transportierst du in einem gedeckten Güterwagen wieder ab. Die kaputte Maschine wird auf einem Rungenwagen verladen. Die leeren Kesselwagen und der offene Kohlenwagen kommen dann auch noch dazu. Na ja, und der leergegessene Kühlwagen sollte auch irgendwann wieder gefüllt werden

Und nun stelle dir vor, dass du auf deiner Anlage mehrere Fabriken hast. Da könnte zum Beispiel noch eine Farbenfabrik sein oder eine Lebensmittelfabrik. Die brauchen alle Rohstoffe. Im Gegenzug werden ihre Fertigprodukte mit der Bahn wieder abgefahren.

Nun kannst du dir ein paar Gedanken machen, welche Fabriken auf deiner Anlage stehen sollen. Dann stelle mal eine Liste an den benötigten Güterwagen zusammen. Die wird sicher ganz schön lang.

Zur Ausgestaltung einer Fabrik kannst du ein solches »Silo« ganz einfach selber bauen: In eine leere Kaffeepulverdose bohrst du ein Loch und steckst Trinkhalme wie auf der Abbildung ein. Besser sieht es aus, wenn du dein Silo abschließend noch bemalst, etwa in Grau oder Silber.

Wir rangieren

Was geschieht mit dem Zug, den Du gerade gebildet hast? Er besteht aus einem gedeckten Güterwagen, zwei Kesselwagen, einem offenen Kohlenwagen, einem Kühlwagen und einem Rungenwagen. Dieser Zug fährt in deinen Bahnhof ein und bleibt irgendwo stehen. Dann kommt eine so genannte Rangierlok herangefahren. Das ist eine kleine, wendige Lokomotive. Der Lokführer hat von ihr meist eine gute Rundumsicht. Mit ihr wird er den Zug zu der Fahrradfabrik bringen. Eine große Streckenlok ist dafür nicht geeignet. Sie könnte für die Gleise der Fabrik zu schwer oder für das Fabriktor zu groß sein.

Die Rangierlok übernimmt den Zug und fährt ihn über eine Weichenverbindung zur Fahrradfabrik. Dort sollen die Güter abgeladen werden. Aber das geht nicht so einfach. Die Fabrik hat nämlich verschiedene Umladestationen. Da gibt es eine Ladestelle, wo die Metalle, das Gummi und die Kleinteile abgeladen werden können. Dazu setzt die Rangierlok den gedeckten Güterwagen an dieser Stelle ab. Sie umfährt den Zug und zieht die verbliebenen fünf Waggons an eine andere Umladestation der Fabrik. Dort stellt sie die beiden Kesselwagen ab. Die können dort nämlich leergepumpt werden. Nun fährt sie mit ihren drei Waggons an eine andere Stelle. Dort kann sie den Kohlewagen loswerden. Den Rungenwagen mit der Maschine setzt sie am Umladekran ab. Der hebt die Maschine von dem Waggon. Die Rangierlok hat nun nur noch den Kühlwagen angekuppelt. Vor der Fabrikkantine stellt sie ihn ab, wo er gleich entladen wird. Nun kann die Rangierlok zurück in den Bahnhof rollen, wo neue Arbeit auf sie wartet.

Puh, das wäre geschafft! Wie du siehst, kann das Spielen mit einer elektrischen Eisenbahn richtig spannend sein. Und Aufgaben, die du mit dem Zug erledigen kannst, gibt es genug.

Mit dieser kleinen Diesellok könntest du beispielsweise Rangierarbeiten erledigen. Sie ist recht wendig und robust. ***Foto: Fleischmann***

Drei Monster nach Käfertal

Wie man rangiert, zeigt jetzt Lukas in den Bahnhöfen von »Käfertal« und »Biberburg«. Lukas ist ein großer Fan von Monstern. Drei seiner Monster aus Biberburg hatten in Käfertal zu tun. Also hat sie Lukas in Biberburg in passende Waggons verladen. Sie sind nämlich alle drei für einen Personenwagen viel zu groß. Daher hat sie Lukas in passende Güterwagen gesetzt. Natürlich musste er darauf achten, dass sie auch durch die Tunnel passten und nicht etwa verloren gingen. Zwar beschwerten sich die Monster, denn es war doch recht zugig auf den Waggons. Die Diesellok, die den Zug beförderte, hat sie noch mit Abgasen eingenebelt, sodass sie husten mussten. Nach langer Fahrt über Steigungen und durch Tunnel kamen sie endlich in Käfertal an.

Soeben sind die drei Monster nach zugiger Fahrt im offenen Wagen in Käfertal angekommen. Gleich wird das erste aussteigen und für etwas Aufruhr in dem kleinen Bahnhof sorgen.

Dann begann Lukas mit den Rangierarbeiten. Ein Monster wollte zum Güterschuppen. Das Personal dort erschrak, als es die Fahrgäste sah. Doch Lukas beruhigte die Arbeiter. »Die tun nichts«, sagte er. Endlich kamen sie am Güterschuppen an, wo das Monster abstieg. Es hüpfte sogleich auf die Laderampe und genoss die warme Luft in Käfertal.

Das zweite Monster wollte zum Lagerhaus. Also fuhr Lukas mit seinem Zug ganz langsam dorthin. Dabei musste er am Personenbahnsteig vorbei. Die Reisenden erschraken wegen der beiden Monster. Aber Lukas winkte ihnen beruhigend zu. Mit dem großen Verladekran wurde das zweite Monster abgeladen. Dort auf dem Kran gefiel es ihm so gut, dass es sich gleich draufsetzte und die Landschaft bewunderte.

Das dritte und letzte Monster wollte zur Sägemühle. Also fuhr Lukas mit seinem Zug dorthin. Kaum angekommen, hüpfte das Monster auch schon vom Waggon und freute sich. »Es riecht nämlich so gerne Holz«, sagte Lukas. Endlich war er fertig und konnte Feierabend machen. Dafür fuhr er seinen Zug auf ein Abstellgleis und stellte seine Lok im Lokschuppen ab.

Kartenspiel einmal anders

Du kannst deine Züge aber auch nach dem Zufall bilden. Dafür brauchst du ein altes Kartenspiel. Vorne drauf klebst du dünnen Karton, der so groß wie die Spielkarte ist. Auf jede Karte schreibst du einen anderen Auftrag. Also zum Beispiel »ein Monster nach Bahnhof A« oder »16 Gummibären nach Bahnhof B«. Da kannst du dir dann mal einen ganzen Haufen Aufträge ausdenken.

Dann mischst du das Ganze und ziehst eine Karte. Den darauf stehenden Auftrag führst du dann aus. Natürlich kannst du drei oder mehrere Karten ziehen und versuchen, die Aufträge möglichst rasch oder mit einem geringen Aufwand auszuführen. Das ist dann fast schon wie bei der großen Eisenbahn.

Das Spiel kannst du noch weiter verfeinern. Zum Beispiel kannst du dir Schwierigkeiten ausdenken. Das wäre eine Karte, auf der steht »Achsbruch«. Dann kannst du deine Aufträge nicht weiter ausführen. Zuerst einmal muss nämlich der Kran aus dem nächsten Bahnhof herangeholt werden. Mit seiner Hilfe wird der Waggon repariert und die Achse ausgewechselt. Dann kann es weitergehen.

Wir machen unsere Züge schöner

Ähnlich wie die Gleise kannst du auch deine Züge verfeinern. Das macht Spaß und ist gar nicht schwer. Wenn du deine Loks und Waggons verschönern willst, brauchst du zunächst einen Silberlackstift. Den gibt's im Schreibwarenladen.

Mit der silbernen Farbe kannst du an einer Lokomotive zum Beispiel die Haltestangen silberfarben anmalen oder die Türgriffe. Auch die Scheibenwischer oder Lüfterschlitze. Aufstiegstritte kannst du ebenfalls in Silber anlegen oder den Tankverschluss an der Diesellok. Da es diese Lackstifte auch in anderen Farbtönen gibt, sind deiner Phantasie keine Grenzen gesetzt.

Wenn du einmal mit den Farben nicht weiter weißt, dann schau doch einfach mal beim großen Vorbild auf dem Bahnhof nach. Da kannst du sehen, wie manche Anbauteile einer Lok aussehen und welche Farbe sie haben.

Natürlich geht das auch bei Personenwaggons. Diese besitzen meistens eine Inneneinrichtung, die aus Kostengründen in einer Farbe hergestellt wird. Da kannst du dich mit Farben richtig austoben. Zum deckenden Anmalen von Kunststoffteilen solltest du aber Modellbaufarben verwenden. Die gibt's beim Fachhändler. Der Boden in Personenwaggons ist grau oder auch braun. Die Sitze könntest du holzfarben anlegen. Wenn es Polstersitze sein sollen, wähle rot oder grün. Aber das sollen nur ein paar Vorschläge sein.

Wenn dir das Spaß gemacht hat, dann schau dich doch einfach mal beim großen Vorbild um. Du kannst das Verschönern deiner Fahrzeuge nämlich noch steigern. Es gibt nämlich kaum Loks und Waggons, die so aussehen als seien sie gerade frisch aus der Verpackung gekommen. Sie sind meistens

Mit dem Lackstift kann man die Loks verschönern. Mit silberner Farbe werden die Aufstiegstritte, Haltestangen und Türgriffe angelegt.

Hier wurde mit dem Lackstift der vordere rechte Aufstiegstritt in silberner Farbe angelegt. Die beiden Griffe links und rechts über den Lampen könnten ebenfalls noch Farbe vertragen.

Ein Besuch auf dem Güterbahnhof versorgt dich mit vielerlei Anregungen, was die Farbgebung oder Beladung von Güterwaggons anbelangt.

schmutzig. Diese Schmutzfarbe zeigt ihren jahrelangen Einsatz bei Wind und Wetter. Mit Wasserfarben und dem Spritzer Spülmittel im Wasserglas kannst du auch bei deinen Fahrzeugen den Witterungseinfluss täuschend echt nachmachen.

Nach der Verschönerung mit Farben kannst du deine Personenwaggons mit kleinen Figuren besetzen. Die gibt es zwar fertig angemalt zu kaufen, aber es ist billiger, sie unbemalt zu erstehen. Und mehr Spaß macht es auch noch, sie selbst zu bemalen. Dazu kannst du wieder Lackstifte nehmen. Am besten geht es mit Modellbaufarben, die du in den verschiedensten Tönen beim Fachhändler bekommst. Mit kleinen Pinseln erzielst du gute Ergebnisse.

Es gibt auch Lokführer als Kunststofffiguren zum Selberbemalen. Die kannst du dann in das Führerhaus bei Dampfloks kleben. Natürlich kannst du eine solche Figur auch im Führerraum einer E-Lok oder einer Diesellok platzieren. Das ist aber nicht ganz so einfach. Denn dazu musst du das Gehäuse abnehmen. Wie das geht, steht in der Bedienungsanleitung, die deiner Lokomotive beiliegt. Dann kannst du versuchen, die Figur unterzubringen. Manchmal musst du am Lokführer etwas absägen, damit er Platz findet.

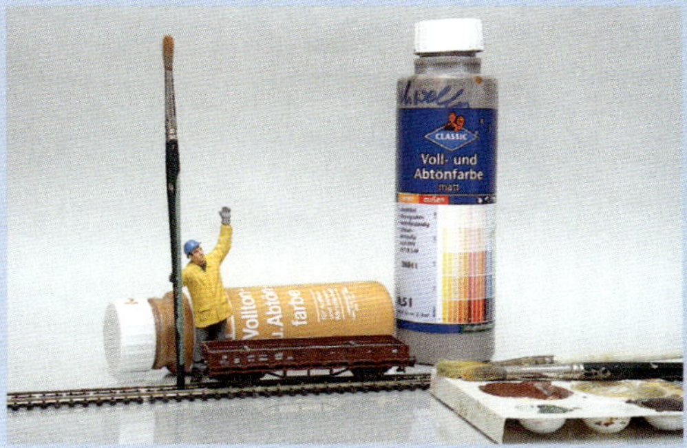

Natürlich kann man auch mit preisgünstigen Abtönfarben dem fabrikneuen Aussehen der Modellbahnfahrzeuge abhelfen. Allerdings ist das dann nicht mehr rückgängig zu machen.

Die Zukunft der Modellbahn – Ausblicke und Wünsche

Vor etwa zehn Jahren staunten Modelleisenbahner und Kaffeekäufer nicht schlecht. In der Adventszeit bot ein Großkaffeeröster im weihnachtlich dekorierten Shop zwischen Pullovern, Bestecksets, Fahrrädern und natürlich Kaffee auch Modellbahn-Anfangspackungen an. Dagegen lässt sich nichts sagen, schließlich haben wir uns längst an Plüschteddybären in der Tankstelle und Actionfiguren im Museumsshop gewöhnt. Mit dieser cleveren Marketingidee wurden Modellbahnen unters Volk gebracht, denn mittels dieser Verkaufsstrategie erreichten die Hersteller Kundenkreise, die ansonsten an einem Modellbahnladen achtlos vorbeigegangen wären. Diese Aktion brachte viele Kinder erst zur Modelleisenbahn. Und man muss kein Prophet sein, um vorherzusehen, dass so manches Mädchen und so mancher Knabe, die einst mit einer Anfangspackung aus dem Kaffeeladen beschenkt wurden, dereinst einen Modellbahnladen in der festen Absicht betreten werden, dort Wagen, Zubehör oder gar eine Lok zu erstehen. Schließlich kann es sich auch ein Discounter nicht leisten, Produkte von schlechter Qualität unters Volk zu bringen. Modellbahnen beim Supermarkt? Warum also nicht?

Beim Fachhändler ist man nach wie vor am besten aufgehoben. Sachkundige Beratung und Service sind dort selbstverständlich.

Damals wurde vor allem von Seiten der Modellbahnhändler arg geschimpft, Grund war die befürchtete Konkurrenz. Doch zum einen wurden diese Packungen zum durchaus üblichen Preis verkauft, und zum anderen brachten diese Einstiegssets allen Nutzen: Dem Modellbahnproduzenten, den Händlern und den Modellbah-

nern sowieso. Denn wo keine neuen Kundenkreise erschlossen werden, da gibt's auch keine längerfristige Perspektive mehr für Hersteller und Händler.
Und wenn heute ein Supermarkt auf ähnliche Weise Anfangspackungen unters Volk jubelt, so sollten wir das begrüßen und nicht kleinlich auf Umsatzzahlen schauen. Ich bin mir sicher, dass so mancher Beschenkte in den Modellbahnladen kommen wird, um dort Kunde zu werden. Denn auch das dürfte klar sein: Kompetente Beratung gibt es nur beim Fachhändler, der Discounter wird sich darum nicht kümmern. Verständlich ist es aber, wenn sich ein Fachhändler wenig darüber freut, wenn ein Kunde mit einer beim Discounter erstandenen Packung im Laden aufkreuzt. Dennoch: Für zukünftige Kunden bringen Fachhändler manches Opfer.
Wenn aber dieses im Hinblick auf den erhofften Modellbahnernachwuchs prinzipiell begrüßenswerte Tun – Modellbahnen vom Discounter – zu fragwürdigen Aktionen von Seiten der Modellbahnproduzenten führt, so muss dies Kritik hervorrufen. Als im Herbst 2003 eine Supermarktkette Anfangspackungen des Herstellers A – Namen tun nichts zur Sache – zu günstigen Preisen anbot, griffen erwartungsgemäß viele Menschen zu. Es ist anzunehmen, dass dies für einige neue Modellbahnerinnen und -bahner sorgen wird.
Einem Modellbahnproduzenten allerdings, die Firma B, war dies gar nicht Recht. Sie rief dazu auf, die günstig erworbenen Produkte von A zu nehmen und beim Fachhändler gegen Produkte des eigenen Unternehmens B umzutauschen, allerdings musste der Kunde bereit sein, die Differenz zu tragen. Es ist müßig darauf hinzuweisen, dass die Produkte des Unternehmens B für diese Aktion verbilligt angeboten wurden.
Hier hat jemand immer noch nicht begriffen, worum es geht. Um den Nachwuchs für das Modellbahnhobby nämlich. Ich meine, es ist wichtiger, Kinder mit preisgünstigen Anfangspackungen auf den Geschmack zu bringen, als sie mit aller Macht für ein bestimmtes Unternehmen begeistern zu wollen. Die Anfänger von heute werden die gestandenen Modellbahner von morgen sein, und nur die hohe Qualität eines Produkts wird sie dann von ganz alleine zu den »guten« Modellbahnen greifen lassen. Bei der eben umrissenen Aktion des Unternehmens B ging es aber nicht um den Nachwuchs oder um neue Käuferschichten, es ging einzig und allein um den Umsatz, den dieses Unternehmen auch ohne solche peinlichen Aktionen machen würde. Solch blindes Denken wird unweigerlich zum Aussterben der Freizeitbeschäftigung Modelleisenbahn führen.

Zum guten Schluss

Es wäre schön, wenn die Überlegungen und Ideen in diesem Buch dem einen oder anderen Modellbahner einen Anreiz geben, sich einmal selbst mit einer kindgerechten Modellbahn für den Modellbahnnachwuchs zu befassen. Solche Anlagen haben den Vorzug, in sehr kurzer Zeit aufgebaut werden zu können, das ist wichtig, wenn Festtage vor der Tür stehen und ein passendes Geschenk noch fehlt. Vielleicht schielt die eine oder der andere heimlich auf den Nachwuchs in der Hoffnung, dass er dereinst das Hobby weiterführt und die inzwischen umfangreiche Modellbahnsammlung der Erwachsenen übernimmt.
Ganz ohne Erwachsene können Kinder in der Altersgruppe zwischen Kindergartenalter und zehn kaum mit der Eisenbahn spielen. Die Hilfe der Erwachsenen beschränkt sich dabei zumeist auf den Aufbau und den Anschluss des elektrischen Materials. Danach, so haben wir gesehen, entwickeln Kinder im Spiel ihre ganz eigene Dynamik und starten eine Reise in Bahnwelten, von denen der Erwachsene – leider – schon längst zu träumen aufgehört hat.
Wenn man sich Gedanken über den Modellbahnnachwuchs macht und ihn fördern will, so macht es keinen Sinn, Kindern eine komplette Anlage hinzustellen und die Kleinen sich selbst zu überlassen. Es macht auch keinen Sinn, Anlagen zu schaffen, die bloßen Kreisverkehr auf einem Oval ermöglichen. Von daher ergeht der Aufruf an die Modellbahnproduzenten, Startpackungen mit sinnvollem Gleismaterial zusammenzustellen. Vorschläge wurden in diesem Buch gemacht.
Doch bei allen grundsätzlichen Überlegungen sollte immer der Spaß am Spiel mit den Kindern im Vordergrund stehen. Die Modelleisenbahn fördert dieses so wichtige gemeinsame Spiel sogar noch. Und wenn dabei ein zukünftiger Modelleisenbahner herauskommt, so freut uns das umso mehr.

Lese- und Adresstipps

Tipps zum Weiterlesen

Einzelne Artikel

- Bernd Beck, Bahn für Kids: Keep cool? Play Maxi?,
  in: MIBA 2 (1995), Jg. 47, S. 72–76.
  Stellt verschiedene Startpackungen der Baugrößen I, H0 und N vor.

- Stefan Carstens, Maltes Junior-Bahn, in: Bahn & Modell 12 (1988), S. 25ff.
  Beschreibt den Aufbau einer kindgerechten Modelleisenbahn des Gleichstromsystems.

- Thomas Fleischmann, Abgeschmiert, in: MIBA 2 (1995), Jg. 47, S. 77ff.
  Gibt Tipps für das richtige Ölen und Fetten von Modellbahn-Triebfahrzeugen.

- Richard Grebler, Holz-Modellbahn selberbauen, Augsburg 1995.
  Schildert den Bau einer voll funktionstüchtigen Holzspielbahn im Maßstab 1:32 aus handelsüblichen Bauteilen; reich bebildert mit ausführlicher Schritt-für-Schritt-Anleitung; setzt allerdings handwerkliches Geschick voraus.

- Richard Grebler, Eine betriebsfähige Holzspielbahn,
  in: MIBA 9 (1996), Jg. 48, S. 42–45.
  Schildert den Bau eines voll funktionstüchtigen Holzspielbahn-Waggons im Maßstab 1:32 aus handelsüblichen Bauteilen; setzt allerdings handwerkliches Geschick voraus.

- Thomas Hey'l, Wir bauen eine Wandanlage – mit Pelle Pepper.
  Teil 1: Prinzip und Standard-Element,
  in: Bahn & Modell 6 (1989), 3. Jg., S. 43–50.
  Vierteiliger Beitrag über den Bau einer raumfüllenden Modellbahnanlage aus kleinen, relativ einfach herzustellenden Bauelementen. Der Clou ist der Aufbau der einzelnen Anlagenbretter an fest mit der Wand verschraubten Auflageleisten. Nach dem Spiel werden die einzelnen Anlagenteile einfach wieder

entfernt und an geeigneter Stelle verstaut. Ein empfehlenswerter Vorschlag für platzbeschränkte Modellbahner.

- Thomas Hey'l, Wir bauen eine Wandanlage – mit Pelle Pepper. Teil 2: Türbrücken, Gelände und Elektrik, in: Bahn & Modell 7 (1989), 3. Jg., S. 43–49.

- Thomas Hey'l, Wir bauen eine Wandanlage – mit Pelle Pepper. Teil 3: Landschaft und Motive, in: Bahn & Modell 8 (1989), 3. Jg., S. 43–50.

- Thomas Hey'l, Wir bauen eine Wandanlage – mit Pelle Pepper. Teil 4: Gebäude, Felsen und Motive, in: Bahn & Modell 9 (1989), 3. Jg., S. 43–50.

- Klaus Jopp, Das H0 Gleisplanbuch, Salzburg 1989. Stellt anhand des Roco-Line-Gleissystems die Welt der Modelleisenbahnen ausführlich vor. Zudem werden zahlreiche nachbaubare Gleispläne gezeigt.

- Rolf Knipper, Der Trick mit dem Click, in: MIBA 9 (1996), Jg. 48, S. 36–39. Stellt das für Teppichbahner geeignete Märklin-C-Gleissystem vor.

- Bertold Langer, Wir spielen Eisenbahn!, in: MIBA 9 (1996), Jg. 48, S. 28–31. Macht grundsätzliche Überlegungen zum Thema Kinder und Modellbahn.

- Bernd Ottersbach, Steilrampe auf dem Gartentisch, in: MIBA 9 (1996), Jg. 48, S. 32ff. Schildert den einfachen Aufbau und das Spiel mit einer Alpenbahn des Maßstabs 1:45 im Garten.

- Stephan Rieche, Auf dem Teppich bleiben, in: MIBA 12 (1994), Jg. 46, S. 102–105. Stellt den Modellbahnstart unter dem Weihnachtsbaum vor und schildert dabei die Erfahrungen mit einem selbst gebauten Bahnhofsbrett.

Zeitschriften

- Eisenbahn Journal, erscheint im Hermann Merker Verlag GmbH, Am Fohlenhof 9a, 82256 Fürstenfeldbruck, Tel. 08141/534810, Fax 08141/5348133, www.ejmv.de

- Eisenbahnkurier. Vorbild und Modell, derzeit im 38. Jahrgang erscheinend im: EK-Verlag GmbH, Heinrich-von-Stephan-Straße 15, 79100 Freiburg, Tel. 07 61 / 703 10-0, Fax 07 61 / 703 10-50

- Eisenbahn Magazin, erscheint im Alba Fachverlag GmbH & Co. KG, Willstätterstraße 9, 40549 Düsseldorf, Tel. 02 11 / 52 01 30, Fax 02 11 / 520 13 28, www.alba-publikation.de/em

- HP1. Eisenbahnmodellbau heute, erscheint in der Willy Kosak Verlagsgesellschaft mbH, Burgstraße 21, 91284 Neuhaus, Tel. 09 56 / 99 89 83, Fax 0 91 56 / 99 89 84

- MIBA. Die Eisenbahn im Modell, derzeit im 57. Jahrgang erscheinend im: MIBA Verlag GmbH, Senefelderstraße 11, 90409 Nürnberg, Tel. 09 11 / 519 65-0, Fax 09 11 / 519 65-40, www.miba.de

- Modelleisenbahner. Magazin für Vorbild und Modell, derzeit im 53. Jahrgang erscheinend im: MEB-Verlag GmbH, Biberacher Straße 94, 88339 Bad Waldsee, Tel. 0 75 24 / 97 05-0, Fax 0 75 24 / 97 05-25

Hier lohnt sich ein Besuch

Modellbahnanlagen und -schauen

- Modellbahnland Erzgebirge – Annaberger Modellbahnen GmbH & Co. KG, Annaberger Straße 27 a, 09488 Wiesa, Tel. 0 37 33 / 59 63 57, Fax 0 37 33 / 59 63 58, www.annaberger-modellbahnen.de, Annaberger-Modellbahnen@t-online.de (Anlage der Baugröße 1)

- Euro-Tecnica, 53940 Losheim/Eifel, Tel. 0 65 57 / 92 06 40, Fax 0 65 57 / 92 06 45, www.euro-tecnica.de, euro.tecnica@t-online.de (Anlage der Baugröße H0)

- Lok Land Modellbahnausstellung, Hofer Straße 14, 95152 Selbitz, Tel. 0 92 52 / 922 94, Fax 0 92 52 / 91 65 20, www.lokland.de, info@lokland.de (Anlage der Baugröße H0)

Die Bilder auf diesen Seiten zeigen, dass es auf der riesigen Modellbahnanlage im Miniatur Wunderland in der Hamburger Speicherstadt viel zu sehen gibt.
Fotos: Miniatur Wunderland, Frank Zarges

- Miniatur Wunderland Hamburg GmbH, Kehrwieder 2 Block D, 20457 Hamburg, Tel. 0 40/36 09 11 57, Fax 0 40/36 09 11 58, www.miniatur-wunderland.de, info@miniatur-wunderland.de (Modellbahn der Baugröße H0)

- Modellbahn Wiehe GmbH, Am Anger 19, 06571 Wiehe, Tel. 03 46 72/8 36 30 oder 0 18 05/90 90 11, www.mowi-world.de (zwei H0-Anlagen, eine TT-Anlage, zwei LGB-Anlagen)

- Modell-Show Merklingen, Siemensstraße 2, 89188 Merklingen, Tel. 0 73 37/92 31 94, Fax 0 73 37/92 31 95, www.modellbahnshow.de, info@modellbahnshow.de (Modellbahnen der Baugrößen H0 und 1)

- Harzer Modellbahnzentrum Lautenthal GmbH, Wildemanner Straße 9, 38685 Langelsheim, Tel. 0 53 25/54 61 00, Fax 0 53 25/54 61 19, www.spedifix.de/modellbahn (sechs Anlagen der Baugrößen LGB, I, H0, TT, N und Z)

Im Hamburger Miniatur Wunderland gibt es nicht nur spektakuläre Gebirgsstrecken zu sehen (oben), sondern auch eine große Anlage nach amerikanischen Motiven (unten). Außerdem wird hier regelmäßig die Nacht zum Tag (links).

Fotos: Miniatur Wunderland, Frank Zarges

Eisenbahnmuseen – eine Auswahl

- Bayerisches Eisenbahnmuseum e. V., Am hohen Weg 6 a, 86720 Nördlingen, Tel. 0 90 81 / 98 08, www.bayerisches-eisenbahnmuseum.de
- Dampflokfreunde Salzwedel e. V., Kleinbahnstraße 8, 29410 Salzwedel, www.delfs.de
- DB Museum im Verkehrsmuseum Nürnberg, Lessingstraße 6, D-90443 Nürnberg, Tel. 0 18 04 44 22 33 oder 01 804 DBMUSEUM (jeweils EUR 0,24 pro Anruf aus dem Inland, Mo.–Fr. 8.00–17.00 Uhr), Fax: 09 11 / 2 19 - 21 21, www.dbmuseum.de
- Deutsches Dampflok-Museum im ehemaligen Bw Neuenmarkt-Wirsberg, Birkenstraße 5, 95339 Neuenmarkt, Tel. 0 92 27 / 57 00, Fax 0 92 27 / 57 03, www.dampflokmuseum.de

Solche imposanten Lokparaden präsentiert das Traditions-Bahnbetriebswerk Staßfurt an besonderen Tagen. ***Foto: D. Endisch***

- Eisenbahnfreunde Traditionsbahnbetriebswerk Staßfurt e. V., Güstener Weg, 39418 Staßfurt, Tel. 0 39 25/38 38 00, Fax 0 39 25/38 38 01, www.eisenbahnfreunde-stassfurt.de

- Eisenbahnmuseum Schwarzenberg (Erzgebirge), Schneeberger Straße 60, 08340 Schwarzenberg, Tel./Fax. 0 37 74/2 32 12, www.eisenbahnmuseum-schwarzenberg.de

- Süddeutsches Eisenbahnmuseum Heilbronn, Heilbronn-Böckingen, www.eisenbahnmuseum-heilbronn.de

- Sächsisches Eisenbahnmuseum e. V. Chemnitz-Hilbersdorf, An der Desdener Eisenbahnlinie 130 c, 09131 Chemnitz, Tel 03 71/4 93 27 65, Fax 03 71/4 93 27 73, www.sem-chemnitz.de

Das Sächsische Eisenbahnmuseum in Chemnitz-Hilbersdorf bietet ebenfalls zahlreichen Dampfloks eine Heimstatt.
Foto: D. Endisch

Im Bayerischen Dampflokmuseum in Nördlingen können die Besucher auch die ehemalige S 3/6 18 479 der Königlich Bayerischen Staatseisenbahn bewundern. *Foto: D. Endisch*

Die Güterzuglok 50 3682 rollt auf die Drehscheibe des ehemaligen Bahnbetriebswerks in Salzwedel. *Foto: D. Endisch*

Auch das Eisenbahnmuseum in Schwarzenberg lohnt einen Besuch, wie diese Lokparade vom 10. Mai 2002 zeigt. *Foto: D. Endisch*

Und wenn sie groß sind...

Georg Kerber/Andreas Stirl
Planen und Bauen von Modellbahnanlagen
Am Anfang jeder Anlage stehen Fragen. Welche Nenngröße? Wie plant man systematisch? Dieser Ratgeber beherrscht das große Einmaleins des Modellbaus – von der Skizze für den Gleisplan über den Bau der Platte bis zur perfekten Landschaft.
128 Seiten, 151 Bilder, davon 27 in Farbe
Bestell-Nr. 71027 € 16,–

Georg Kerber/Andreas Stirl
Brücken und Kunstbauten auf Modellbahnanlagen
Brücken, Tunnel und Mauern sind Blickfänge auf jeder Anlage. Wer diese Kunstbauten auf die Beine stellen will, braucht Know-how und kompetente Beratung. Hier gibt's die richtigen Tipps – vom Kauf des Baumaterials bis zu Konstruktion und Bau.
132 Seiten, 155 Bilder, davon 30 in Farbe
Bestell-Nr. 71048 € 16,–

Georg Kerber/Andreas Stirl
Signale und Fahrleitungen auf Modellbahnanlagen
Mancher Modellbahner bekommt angesichts des Drahtverhaus auf seiner Anlage feuchte Hände. Dieses Handbuch schafft Abhilfe. Es stellt die Oberleitungssysteme und Signale der großen Eisenbahn vor und erklärt die Umsetzung ins Modell.
128 Seiten, 150 Bilder, davon 30 in Farbe
Bestell-Nr. 71075 € 16,–

Georg Kerber/Andreas Stirl
Weichen & Kreuzungen auf Modellbahnanlagen
Wegen falsch verlegter Gleisverbindungen fliegen Züge öfters aus der Schiene. Dieses Buch schafft Abhilfe. Es enthält Ratschläge von der Planung über den Kauf des Gleismaterials bis zum Umbau handelsüblicher Schwellenroste und Herzstücke.
136 Seiten, 118 Bilder, davon 23 in Farbe, 58 Zeichnungen
Bestell-Nr. 71059 € 16,–

Ulrich Lieb
Digitalisierung auf Modellbahnanlagen
Digitalisierung auf der Modellbahn hat ihren Preis und auch die Vielzahl der Systeme lässt manchen beim Drahtverhau bleiben. Dieser Band räumt jetzt mit Vorurteilen auf, stellt die Systeme vor, nennt Stärken und Schwächen.
128 Seiten, 76 Bilder, davon 74 in Farbe
Bestell-Nr. 71137 € 16,–

Frank Muth
Straßenbahn
Der Autor spricht Trambahnfreunde und Modelleisenbahner, die ihre Anlage vorbildgetreu ergänzen möchten, gleichermaßen an. In kleinen Schritten führt er den Leser von der Auswahl geeigneter Vorbildsituationen über einen Arbeitsplan bis zur Umsetzung des Themas.
160 Seiten, 126 Bilder, davon 121 in Farbe, 51 Zeichnungen
Bestell-Nr. 71170 € 16,–

Ralf Reinmuth
Personenzüge im Modell
Hier steht nicht nur alles Wissenswerte über die Originale, sondern auch, wie man dies im Modell umsetzen kann. Ob Wagenreihung, Umlackierung, Gestaltung des Innenraumes oder wie man Modelle künstlich altert: Schritt für Schritt wird gezeigt, wie's gemacht wird.
208 Seiten, 180 Bilder, davon 149 in Farbe, 15 Zeichnungen
Bestell-Nr. 71225 € 19,90

Dominik Stroner
Schmalspurbahn im Modell
Für den Betrieb einer Schmalspurbahn reichen drei Weichen, ein kleines Stationsgebäude, eine Lok, zwei Personen- und ein Packwagen sowie einige Güterwaggons. Sie werden nicht glauben, was auf einem Quadratmeter möglich ist – dieser Band gibt dazu wertvolle Tipps.
144 Seiten, 114 Bilder, davon 46 in Farbe
Bestell-Nr. 71184 € 16,–

IHR VERLAG FÜR EISENBAHN-BÜCHER

trans press

Postfach 10 37 43 · 70032 Stuttgart
Tel. (07 11) 2108065 · Fax (07 11) 2108070
www.paul-pietsch-verlage.de

Stand März 2004
Änderungen in Preis und Lieferfähigkeit vorbehalten

Eisenbahnen im Modell

Günter Fromm
Gleispläne für die Modelleisenbahn
Fünfzig Gleispläne bekannter Bahnhöfe geben bis aufs letzte Abstellgleis das Original exakt wider. Außerdem zeigen Zeichnungen und Fotos sämtliche Hochbauten dieser Stationen, vom Empfangsgebäude über Stellwerke bis zu den Güter- und Lokomotivschuppen.
160 Seiten, 158 Bilder
Bestell-Nr. 70914 € 16,–

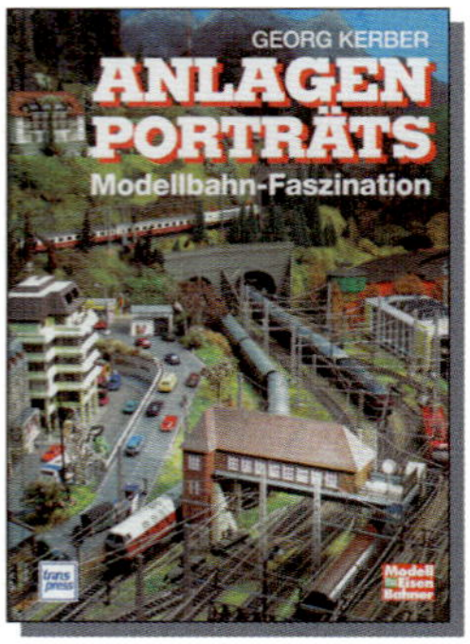

Georg Kerber
Anlagen-Porträts
Hier nimmt der Autor Modellbahnanlagen unter die Lupe. Er vergleicht sie mit ihrem Vorbild, analysiert die Konzepte und erklärt Schritt für Schritt die Umsetzung. Modellbahnbauer finden hier jede Menge Ratschläge und Anregungen zur Anlagen-Steuerung, zu Gleisen, Gelände, Gebäuden und Fahrzeugen.
112 Seiten, 188 Farbbilder
Bestell-Nr. 71013 € 16,–

Georg Kerber/Andreas Stirl
Erlebnis Modelleisenbahn
Am Anfang steht oft nur ein Gleisoval. Doch bis die simple Konstruktion zur ausgewachsenen Anlage reift, braucht es Zeit und Kompromisse. Die Storys von zwölf Top-Anlagen erzählt dieses Buch. Es nimmt die knuffige TT-Bahn ebenso unter die Lupe wie die H0-Clubanlage.
112 Seiten, 119 Farbbilder, 9 Zeichnungen
Bestell-Nr. 71070 € 16,–

Uwe Lechner
Modellbahnträume
Der Modellbahner ist Baumeister, Fahrdienstleiter und Lokführer in einer Person. So verschieden wie diese Menschen, sind die Anlagen – was die Fachzeitschrift »Modelleisenbahner« jeden Monat belegt. Alles über die schönsten Anlagen, die der »Modelleisenbahner« in den letzten Jahren vorgestellt hat.
128 Seiten, 137 Farbbilder
Bestell-Nr. 71117 € 16,–

Ralf Reinmuth/Gerald Wirag
Modellbahn-Basteleien Band 1
Dieses Buch beweist, dass weder Aufwand noch große Summen nötig sind, um die Modellbahnwelt ein Stückchen echter zu machen. Mit Abfällen oder Alltagsmaterialien entsteht vieles, was es links und rechts der Gleise zu entdecken gibt.
128 Seiten, 108 Bilder, davon 102 in Farbe, 7 Zeichnungen
Bestell-Nr. 71136 € 16,–

Ralf Reinmuth/Gerald Wirag
Modellbahn-Basteleien Band 2
Wissen Sie, wie man ein Schotterbett mit Schwellen abstützt? Sollen die Schrebergärten ihrer Modellbahn ein Häuschen mit Herz erhalten? Nach dem Erfolg des ersten Bandes ihrer »Modellbahn-Basteleien« öffnen die Autoren erneut ihre Trickkiste.
128 Seiten, 116 Farbbilder, 10 Zeichnungen
Bestell-Nr. 71169 € 16,–

Joachim Schnitzer
Profi-Tipps für die Modellbahn-Werkstatt Band 1
Immer wieder sucht man Dinge, die es nicht gibt. Dann hilft nur eines – selbst bauen. Joachim Schnitzer zeigt zum Beispiel, wie man Bauteile aus Blech zuschneidet, wie Buchsen und Hülsen entstehen oder wie man Nietköpfe herstellt.
160 Seiten, 150 Bilder
Bestell-Nr. 71201 € 19,90

Schnitzer/Kubitzki
Profi-Tipps für die Modellbahn-Werkstatt Band 2
Vom Schienenreinigungsfahrzeug über den Profil-Messwagen und pfiffigen Details, zu denen Gerätekisten, Hemmschuhe und Grenzzeichen zählen, bis hin zur Gestaltung der Schaufenster im Modellbahnstädtchen.
136 Seiten, 91 Bilder, davon 63 in Farbe, 81 Zeichnungen
Bestell-Nr. 71212 € 19,90

IHR VERLAG FÜR EISENBAHN-BÜCHER

Postfach 10 37 43 · 70032 Stuttgart
Tel. (07 11) 2108065 · Fax (07 11) 2108070
www.paul-pietsch-verlage.de

transpress

Stand März 2004
Änderungen in Preis und Lieferfähigkeit vorbehalten